萨巴厨房®

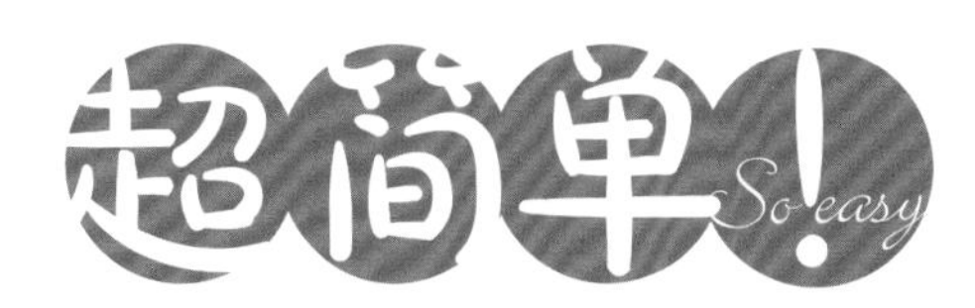

大满足!
诱人菜饭一锅出
做饭更省事,
刷碗更轻松

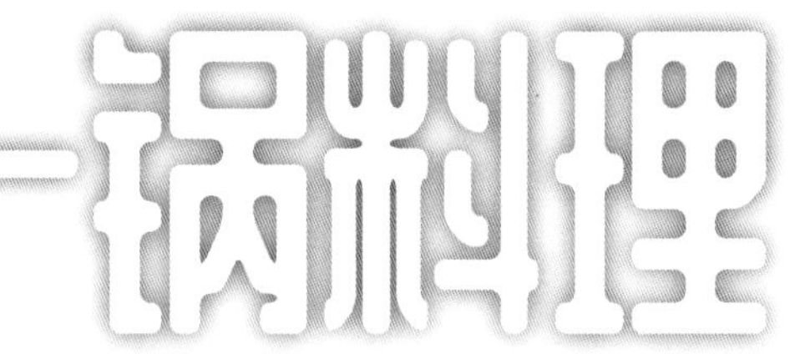

萨巴蒂娜◎主编

中国轻工业出版社

初步了解全书

这本书因何而生

累了一天，做一顿饭，可能谁也不想在厨房折腾一大堆盆盆罐罐，面对吃完饭桌上一大堆的杯盘碗碟，想想复杂的烹饪、想想要刷的一大堆碗，尤其是对于一个人生活的人来说，这就直接“劝退”了啊……

所以这本书，其实表达的是在厨房烹饪中、在餐桌上的断舍离。让你用最简单的烹饪步骤，使用更少的烹饪工具和厨具，打造出一顿丰盛而又不烦琐的美味。

本书的菜品几乎都可以称为“好菜一锅端”，方便、好吃、省事，同时也不凑合，充满着生活气。

这本书都有什么

既然是从烹饪工具就开始做文章，这本书也是根据所需的厨具来划分的章节。我们选的都是家中最常用、人们最常吃的菜品所需的厨具。

全书分为煎炒锅的魔法、烤箱电饼铛的花样、电饭锅的盛宴、砂锅的温暖、蒸锅汤锅的美味几章，让每个人都能根据自己的喜好来选择。

别翻页，还有——

当然，如果你也想餐桌上多一些组合、搭配，或者说想要再多加个小配餐，我们也专门在每章的最后准备了搭配伴侣，里面的菜品花不了你多少时间，但却个个都是百搭神菜。

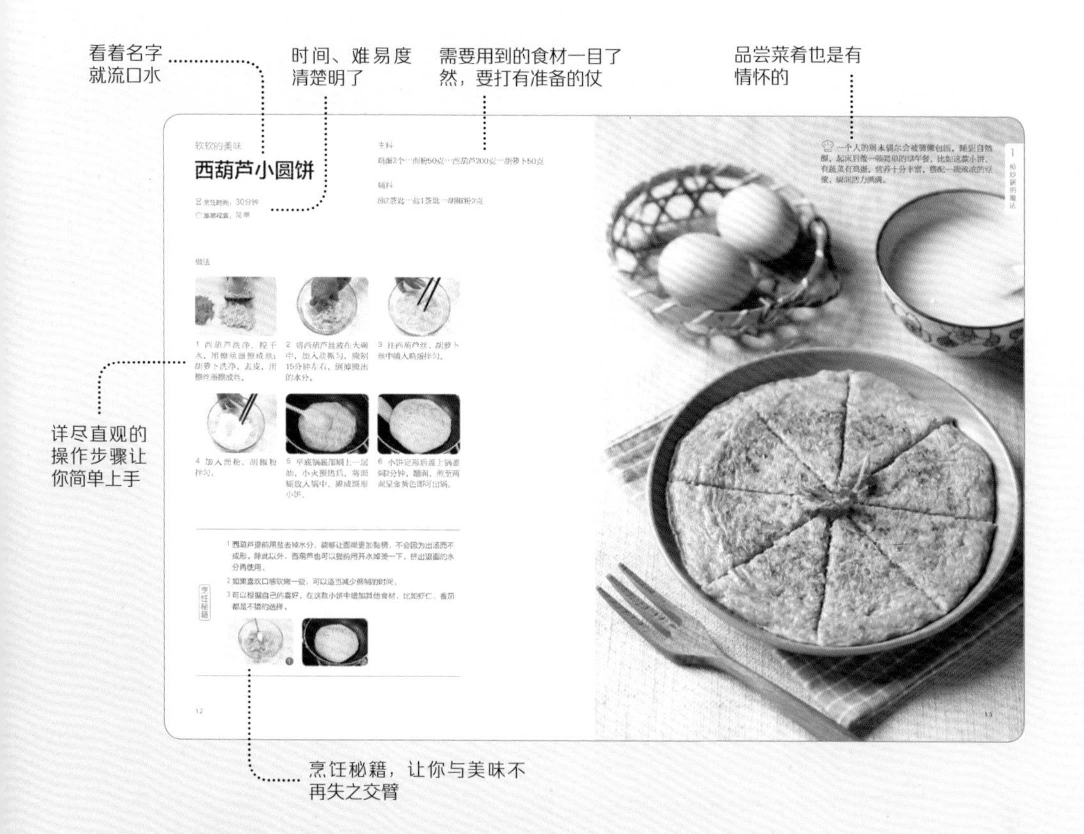

为了确保菜谱的可操作性，

本书的每一道菜都经过我们试做、试吃，并且是现场烹饪后直接拍摄的。

本书每道食谱都有步骤图、烹饪秘籍、烹饪难度和烹饪时间的指引，确保你照着图书一步步操作便可以做出好吃的菜肴。但是具体用量和火候的把握也需要你经验的累积。

书中部分菜品图片含有装饰物，不作为必要食材元素出现在菜谱文字中，读者可根据自己的喜好增减。

— 卷首语 —

偷懒是一种艺术

大学刚毕业，我的做饭生涯就正式开始了。

地方局促，只能放下一个锅，学理科的我想来想去，买了一口平底电炒锅。能烙饼、煎蛋、煎鱼，还可以炒菜、油炸和煮汤，加个蒸屉还能做各种蒸汽料理。所以我在想，日后萨巴厨房出了这么多汤、粥、炒菜、炒面、蒸制的书，都要感谢当时的积累。

当时家附近有一个菜市场，对我来说，面积巨大的菜市场就是我的伊甸园和游乐场。我太喜欢蹲在菜摊前细细研究各种蔬菜和肉类了，一边挑选一边和摊贩聊天。摊贩会告诉我，今天来了一种新蔬菜，随便蒜蓉炒就好吃。还推荐我买后臀尖做肉馅，买前臀尖炒肉片，买五花肉红烧。但是喜欢琢磨的我，最后全部选择五花肉做一切菜式，瘦肉不柴，肥肉不腻，美哉美哉，最关键是省时省事。

因为就一口锅，所以我得花心思如何用最少的时间和最省事的办法做好一顿饭。

首先是炒饭，我会做土豆炒饭、蛋包米炒饭、炸酱炒饭、酱油炒饭、腊肉炒饭，甚至偶尔尝试一下小米炒饭。

炒面比炒饭还省事，因为不需要单独准备米饭。菜炒好就把面条铺上，再浇点水，改小火就可以收拾打扫、准备好碗碟，然后准备开饭了。因为只用一口锅，刷洗也十分方便，大大减少了烹饪用时，也更增加了我烹饪的乐趣。

永远不要因为只有一口锅就降低饮食的要求，也永远不要因为懒而只选择几样菜式。在独处的几年，我只用一口锅解决全部烹饪需求。哪怕日后请亲朋好友到家里来吃饭，我也会在最短的时间里用一两口锅端出丰盛的一桌菜，因为这都是平时思考和总结的结果。

我爱做饭，我也热衷做一个懒人，尽管我现在坐拥几十口锅和无数杯盘碗碟，但依然策划了这本书。

为的是让您懒得理直气壮，懒出五味生活。

高欣茹

萨巴蒂娜
个人公众订阅号

萨巴小传：本名高欣茹。萨巴蒂娜是当时出道写美食书时用的笔名。主编了七十多本畅销美食图书，出版过小说《厨子的故事》，美食散文集《美味关系》。现任“萨巴厨房”主编。

敬请关注萨巴新浪微博 www.weibo.com/sabadina

目录

CONTENTS

计量单位对照表

1茶匙固体材料=5克	1汤匙固体材料=15克
1茶匙液体材料=5毫升	1汤匙液体材料=15毫升

1 煎炒锅的魔法

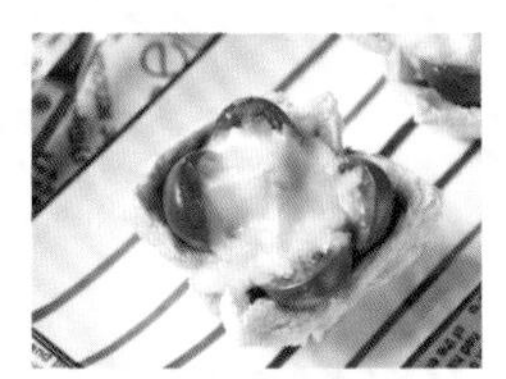

搭配伴侣

搭配伴侣

3 电饭锅的盛宴

4 砂锅的温暖

5 蒸锅汤锅的美味

1

煎炒锅的魔法

还记得自己做过的第一顿饭是什么吗？还记得自己第一次做好一顿饭后的喜悦心情吗？一口锅，不仅仅是做饭的工具，还承载了一份记忆深处的情感，记录了关于幸福、关于收获、关于成长的美好。

软软的美味

西葫芦小圆饼

⌛ 烹饪时间：30分钟

难易程度：简单

主料

鸡蛋2个…面粉50克…西葫芦200克…胡萝卜50克

辅料

油2茶匙…盐1茶匙…胡椒粉2克

做法

1 西葫芦洗净、控干水，用擦丝器擦成丝；胡萝卜洗净、去皮，用擦丝器擦成丝。

2 将西葫芦丝放在大碗中，加入盐抓匀，腌制15分钟左右，倒掉腌出的水分。

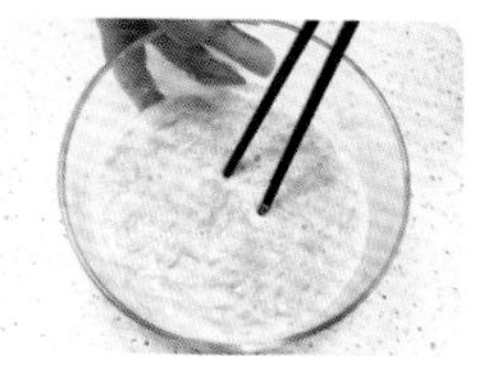

3 往西葫芦丝、胡萝卜丝中磕入鸡蛋拌匀。

4 加入面粉、胡椒粉拌匀。

5 平底锅底部刷上一层油，小火预热后，将面糊放入锅中，摊成圆形小饼。

6 小饼定形后盖上锅盖焖2分钟，翻面，煎至两面呈金黄色即可出锅。

烹饪秘籍

1 西葫芦提前用盐去掉水分，能够让面糊更加黏稠，不会因为出汤而不成形。除此以外，西葫芦也可以提前用开水焯烫一下，挤出里面的水分再使用。

2 如果喜欢口感软嫩一些，可以适当减少煎制的时间。

3 可以根据自己的喜好，在这款小饼中增加其他食材，比如虾仁、番茄都是不错的选择。

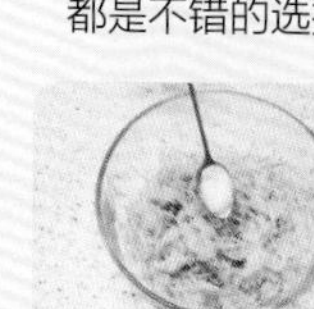

一个人的周末偶尔会被慵懒包围，睡到自然醒，起床后做一顿简单的早午餐，比如这款小饼。有蔬菜有鸡蛋，营养十分丰富，搭配一碗浓浓的豆浆，瞬间活力满满。

小清新的鲜美滋味

黄瓜虾仁软饼

烹饪时间：20分钟

难易程度：简单

主料

鸡蛋2个…面粉70克…黄瓜150克
鲜虾100克…熟黑芝麻10克

辅料

油2茶匙…盐2克…胡椒粉2克
淀粉5克…料酒2茶匙

做法

1 鲜虾洗净后去掉虾头，在背部划一刀，用牙签挑出虾线后去壳，切成小段。

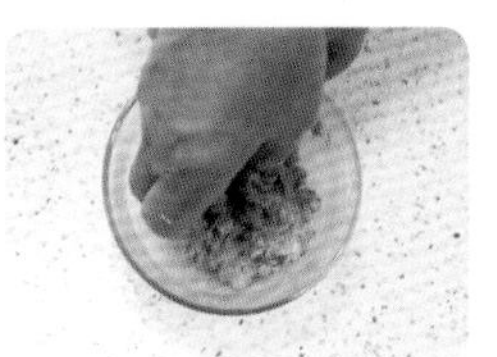

2 将处理好的鲜虾段放入大碗中，加入淀粉、胡椒粉和料酒抓匀，腌制10分钟左右。

3 黄瓜洗净，用擦丝器擦成丝；鸡蛋磕入碗中，充分打散。

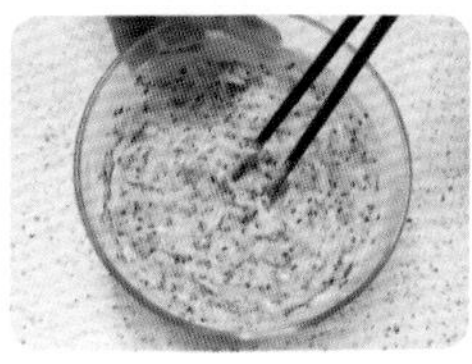

4 在黄瓜丝中加入面粉、鸡蛋、鲜虾段、盐和黑芝麻拌匀。

5 平底锅底部刷一层油，小火预热后，将面糊放入锅中摊成圆形小饼。

6 小饼定形后盖上锅盖焖半分钟，翻面，煎至两面呈金黄色即可出锅。

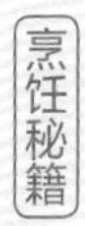

挑选鲜虾的时候，可以从以下几个方面去判断：

1 新鲜的虾色泽光亮，外表整洁，用手触摸有一点干燥的感觉。

2 虾的头尾完整且与身体紧密相连，虾身有一定的弹性和弯曲度，虾头无发黑现象。

3 在剥虾的时候也会发现，新鲜的虾肉质坚实，壳与肌肉之间连接紧密。

①

②

③

黄瓜的清新香气让这款软饼分外诱人，一口咬下去，你会惊喜地发现，里面还藏着鲜美营养的虾仁，瞬间食欲就被勾起了呢。

金灿灿的鸡肉饼因为玉米的加入，多了一些跳跃的颜色，轻轻咬一口，你会发现，里面还藏着会拉丝的奶酪呢，真是令人惊喜不已。

隐藏的小秘密

奶酪鸡肉蔬菜饼

烹饪时间：30分钟

难易程度：简单

主料

鸡胸肉150克…西蓝花50克
玉米粒50克…胡萝卜50克
马苏里拉奶酪50克

辅料

油2茶匙…盐2克
料酒2茶匙…黑胡椒粉2克

做法

1 鸡胸肉洗净后切成小块；西蓝花去掉粗茎，掰成尽量小的朵，清洗干净；玉米粒洗净后控干水；胡萝卜洗净后切成小块。

2 锅中加入清水，煮至沸腾后将西蓝花和玉米粒放入，焯熟后过凉开水，捞出控干。

3 将鸡胸肉、胡萝卜放入料理机中，打成细腻的肉馅。

4 将肉馅放在大碗中，加入玉米粒、西蓝花、马苏里拉奶酪、盐、料酒、黑胡椒粉拌匀。

5 平底锅底部刷上一层油，小火预热后，将面糊放入锅中摊成圆形小饼。

6 小饼定形后盖上锅盖焖半分钟，翻面，煎至两面呈金黄色即可出锅。

烹饪秘籍

1 马苏里拉奶酪的品种和品牌较多，形态也有整块状的和碎块状的，如果购买的是整块状的，在使用之前需要用刨丝器刨成细丝，这样能够更加均匀地混合在面糊中。

2 马苏里拉奶酪最大的特点就是可以拉丝，小饼中的马苏里拉奶酪在受热的状态下会融化，趁热吃的时候可以拉出长长的丝。

韩剧的味道

风味泡菜饼

在韩剧中常常会出现泡菜的身影，泡菜可以搭配很多食材做出多种美味，这次我们做个小饼，红彤彤的，格外诱人呢。

烹饪时间：30分钟
难易程度：简单

主料

泡菜100克…泡菜汤50毫升
鸡蛋1个…紫洋葱80克
面粉60克

辅料

油2茶匙…香葱1根

烹饪秘籍

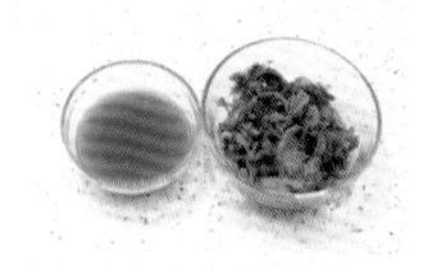

1 市售泡菜的品牌比较多，含盐量和含水量也各有不同，要根据自己购买的泡菜的咸度来调整面粉中泡菜汤的用量，若泡菜比较咸，可以用等量清水替代泡菜汤。

2 泡菜存放的时间越久越容易变酸，经过加热之后酸味也会变得更重一些，如果不是很喜欢酸味，可以加入适量糖来调整。

做法

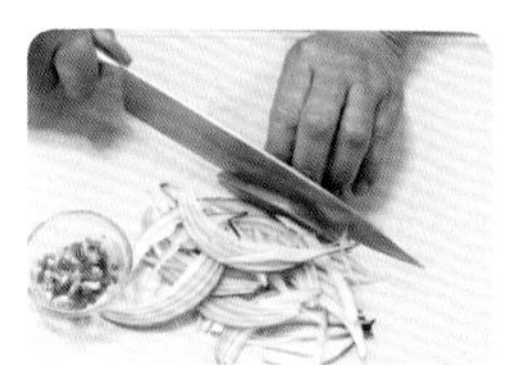

1 紫洋葱去皮，洗净后切成细丝；香葱洗净，切成葱花。

2 将泡菜切成小块，加泡菜汤放入大碗中。

3 放入鸡蛋、洋葱丝、面粉，搅拌均匀。

4 平底锅底部刷一层油，小火预热后，将面糊放入锅中摊成圆形小饼。

5 小饼定形后盖上锅盖焖半分钟，翻面，煎至两面上色。

6 出锅后的小饼撒上适量葱花作为装饰即可。

借鉴了大阪烧的做法，选择了一些比较低脂的食材，清清爽爽的，很适合瘦身期间食用哦。细细品味，似乎还有一点章鱼小丸子的味道呢。

有点像日料

海苔全麦饼

烹饪时间：30分钟

难易程度：简单

主料

圆白菜100克…山药40克
鸡蛋1个…胡萝卜30克
鱿鱼肉80克…全麦面粉60克

辅料

油2茶匙…盐1克
照烧汁1汤匙…海苔3克

做法

1 圆白菜洗净后切成细丝；山药去皮，洗净后用料理机打成泥；胡萝卜洗净、去皮，用擦丝器擦成丝；鱿鱼洗净后撕去鱿鱼皮，切成丁；海苔撕碎备用。

2 将圆白菜、鱿鱼丁、胡萝卜丝、山药泥放入大碗中。

3 加入鸡蛋、全麦面粉、盐，搅拌均匀。

4 平底锅底部刷一层油，小火预热后，将面糊放入锅中摊成圆形小饼。

5 小饼定形后盖上锅盖焖半分钟，翻面，煎至两面上色。

6 出锅后的小饼撒上海苔碎，淋上照烧汁即可。

烹饪秘籍

1 全麦粉是小麦直接加工后含有麦麸的面粉，富含矿物质和维生素，但因其含有较多的小麦籽粒和麸皮，因此会有颗粒感，口感略粗糙。若不喜欢这种口感，可将配料中的全麦面粉替换为等量的普通面粉。

2 山药有普通山药和铁棍山药之分，普通山药较粗，水分含量较多，口感也较为脆爽，适合做这款全麦饼，能够改善全麦粉带来的粗糙口感。

家常的味道

胡萝卜土豆饼

⌛ 烹饪时间：20分钟
难易程度：简单

土豆真是全能型选手，无论是煎炒还是油炸都非常好吃，和胡萝卜搭配做成小饼，也是让人吃不够呢。

主料

鸡蛋2个…面粉50克
土豆150克…胡萝卜100克

辅料

油2茶匙…盐2克…胡椒粉2克

做法

1 土豆和胡萝卜洗净后去皮，用擦丝器擦成丝；将鸡蛋磕入碗中，充分打散。

2 将土豆丝、胡萝卜丝放在大碗中，加入鸡蛋、面粉、盐、胡椒粉，用手抓匀。

3 平底锅底部刷一层油，小火预热后，将面糊放入锅中摊成圆形小饼。

4 定形后盖上锅盖焖半分钟，翻面，煎至两面呈金黄色即可出锅。

烹饪秘籍

1 土豆的口感有脆爽和绵软之分，可以根据自己的喜好来挑选合适的土豆。表皮比较干的土豆较为成熟，水分含量少，口感较为绵软；表皮较为光滑、颜色较浅的土豆水分含量多，口感较为爽脆。

2 挑选土豆的时候，若发现土豆长出嫩芽，一定不要食用，生芽的土豆会产生毒素，食用之后可能会对人体造成伤害。

绿色的小清新

菠菜鸡蛋饼

烹饪时间：20分钟

难易程度：简单

主料

菠菜100克…鸡蛋1个…鲜虾80克…面粉80克

辅料

油2茶匙…盐1克…五香粉1克

做法

1 将菠菜的根部去掉，用清水反复洗净；将鸡蛋磕入碗中，用筷子充分打散。

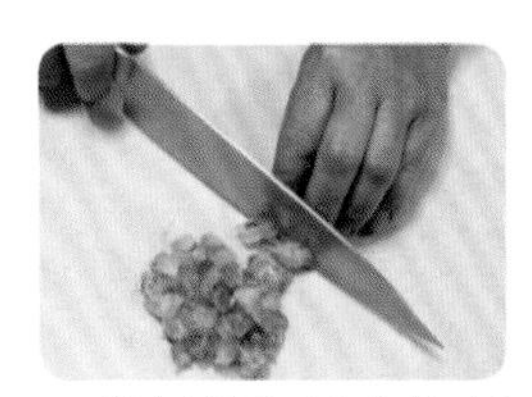

2 鲜虾洗净后去掉虾头，在背部划一刀，用牙签挑出虾线后去壳，切成小段。

3 锅中加入清水，煮至沸腾后将菠菜放入，焯烫至菠菜变色、变软。

4 将焯烫好的菠菜在凉开水中过凉，捞出控干水分。

5 将菠菜放入料理机中，加入少量清水打成泥。

6 将菠菜泥倒入大碗中，加入虾仁、鸡蛋、面粉、五香粉、盐，搅拌均匀。

7 平底锅底部刷一层油，小火预热后，将面糊放入锅中摊成圆形小饼。

8 小饼定形后盖上锅盖焖半分钟，翻面，煎至两面上色即可。

烹饪秘籍

1 菠菜要选择嫩一些的，口感会更好。

2 如果想要这款鸡蛋饼的颜色更加翠绿，可以只用菠菜叶来制作菠菜泥。

3 菠菜泥要尽量打得细腻一些，这样做出来的小饼口感会更好。

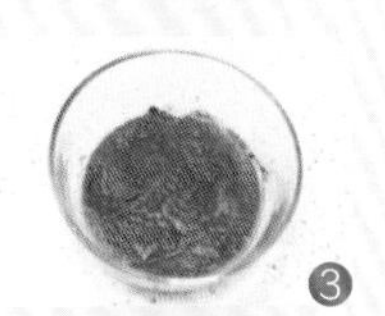

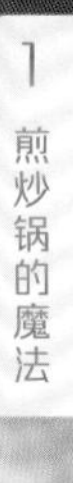

拥有碧绿颜色的小饼不仅看起来清新，营养也足够丰富，能够给身体补充维生素。咬一口尝尝，松软的小饼带着蔬菜的清新和虾仁的鲜美，真叫人喜欢。

好像街头小吃

梅干菜肉饼

⌛ 烹饪时间：50分钟

难易程度：中等

主料

梅干菜25克…猪五花肉50克…面粉150克

辅料

油2茶匙…盐1克…生抽1茶匙…老抽1茶匙

绵白糖2克

做法

1 梅干菜浸泡洗净，攥干水分后切碎；猪五花肉洗净，控干水分后切成肉末。

2 面粉中放入盐和80毫升温水，揉成光滑的面团后，盖上保鲜膜松弛半小时。

3 炒锅中放油，烧至七成热后放入肉末，煸炒至颜色发白，放入老抽、生抽和绵白糖翻炒均匀。

4 放入梅干菜，翻炒均匀后盛出放凉。

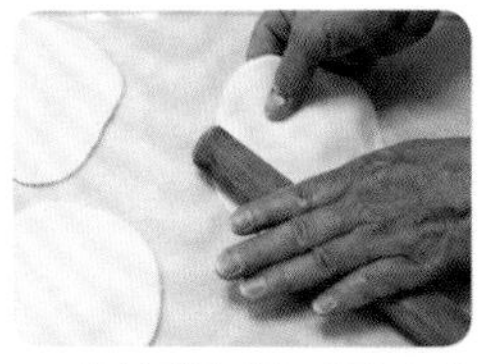

5 将松弛好的面团分成4份，擀成中间厚、四周薄的面皮。

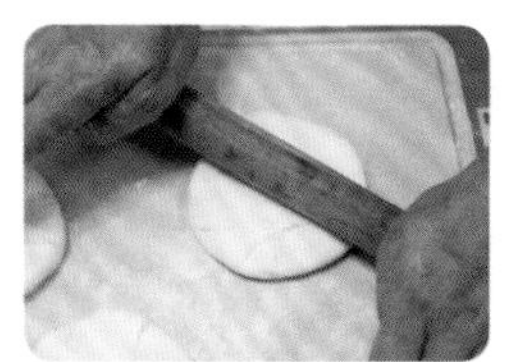

6 将梅干菜肉馅放在面皮中间，用虎口将四周收拢捏合，然后擀成饼，松弛片刻。

7 平底锅底部刷一层油，小火预热后，将面饼放入锅中煎至定形。

8 翻面后将馅饼煎至两面上色即可出锅。

烹饪秘籍

1 五花肉又称三层肉，位于猪的腹部，这部分肉肥瘦相间，用来做梅干菜肉饼，能够让肉饼的香味更加浓郁，丰富的油脂也能让肉饼的口感更好。

2 优质的五花肉肥瘦均匀，一般来说，油脂一层一层分布，5 层的肉中，有3 层肥，2 层瘦的品质比较好。

路过梅干菜肉饼的摊位，常常被飘来的香味吸引，偶尔自己也会在家动手复制一份，放足够多的材料，吃个过瘾。

鲜甜可口

鲜虾玉米饼

⌛ 烹饪时间：30分钟

难易程度：简单

主料

甜玉米粒100克…鲜虾500克…鸡蛋1个

辅料

油2茶匙…盐1克…柠檬汁1茶匙…玉米淀粉30克

做法

1 鲜虾洗净后去掉虾头，在背部划一刀，用牙签挑出虾线后去壳，切成小段。

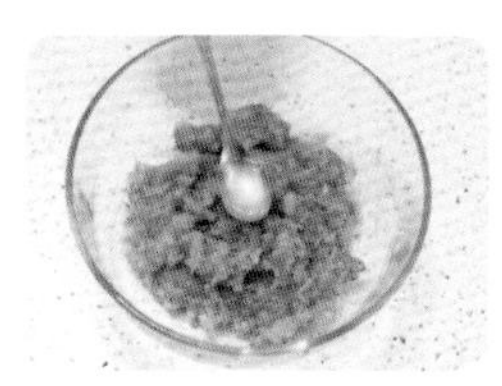

2 将处理好的鲜虾段剁成虾泥，加入柠檬汁拌匀。

3 锅中加入清水，煮至沸腾后将甜玉米粒放入，焯熟后过凉开水，捞出控干水。

4 将鸡蛋清分离，放入虾泥中，加入甜玉米粒、盐、玉米淀粉搅拌至上劲。

5 平底锅底部刷上一层油，小火预热后，将面糊放入锅中摊成圆形小饼。

6 小饼定形后盖上锅盖焖半分钟，翻面，煎至两面上色即可。

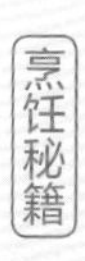

鲜虾处理的步骤：

1 鲜虾放入容器中，用清水冲洗干净表面。

2 用剪刀剪掉虾须。

3 将虾背上的壳沿着中间剪开。

4 用锋利的小刀在虾背划开浅浅的一刀。

5 用牙签将虾线挑出来。

6 将虾壳沿着中间的开口向两侧剥开，取出虾肉。

7 将虾肉再次清洗干净即可。

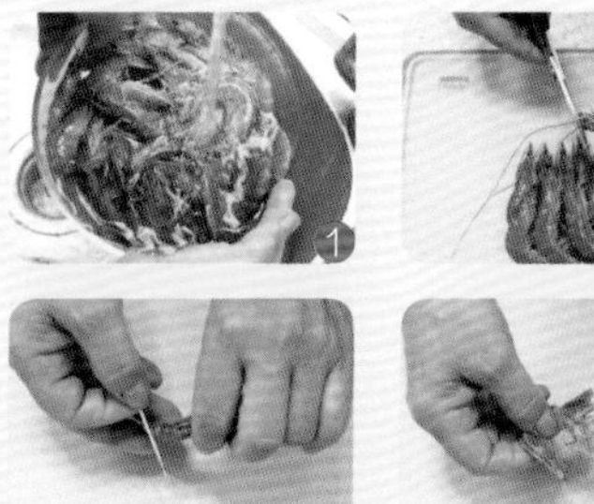

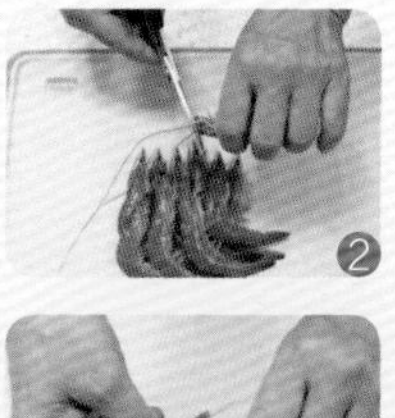

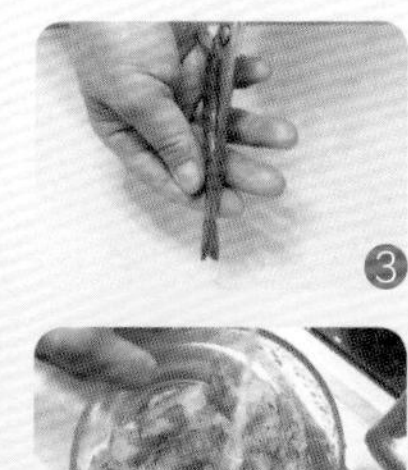

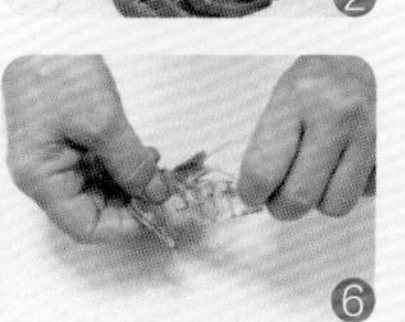

弹牙鲜美的虾肉，裹着一粒粒玉米，每一口都能品尝到鲜美的滋味。最重要的是营养很丰富，给宝宝当作辅食也是极好的。

清爽的圆白菜被咖喱裹住，虽然没有肉，但是咖喱的味道可以战胜一切。松软的饼丝和略带清脆的圆白菜搭配，刚柔并济，为炒饼带来独特的口感。

寻常百姓菜

圆白菜咖喱炒饼

烹饪时间：20分钟

难易程度：简单

主料

圆白菜100克…胡萝卜50克
鸡蛋1个…饼丝200克

辅料

油1汤匙…盐2克
咖喱粉1茶匙…大蒜10克
香葱1棵

做法

1 圆白菜洗净后控干水分，切成细丝；胡萝卜洗净，去皮后用擦丝器擦成丝；鸡蛋磕入碗中，充分打散。

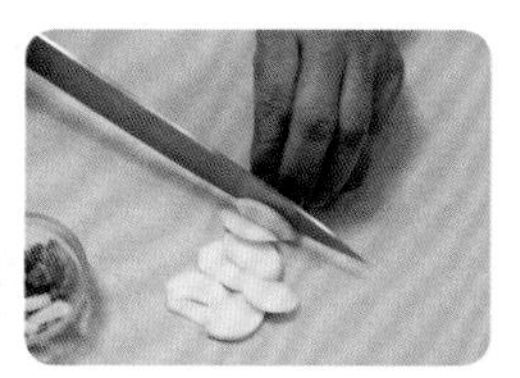

2 大蒜去皮，洗净后切成蒜片；香葱洗净后将葱白切成小段，将葱叶切成葱花。

3 炒锅烧热后放入少许凉油，倒入鸡蛋液，炒熟打散后盛出备用。

4 倒入剩余的油，烧至七成热后放入蒜片、葱白段、咖喱粉，煸炒至出香味。

5 放入圆白菜丝和胡萝卜丝煸炒片刻后，加入少许清水。

6 放入饼丝，加入盐调味，加入炒好的鸡蛋和葱花，再次炒匀后即可关火。

烹饪秘籍

1 咖喱有多种分类，按照颜色分为黄咖喱、白咖喱、青咖喱等；按照国家来分，有印度咖喱、泰国咖喱、日本咖喱、马来西亚咖喱等；按照性状来分，有咖喱块和咖喱粉。购买咖喱的时候，可以根据自己的口味和喜好进行选择。

2 不同的咖喱咸度有所不同，可适当调整辅料中盐的用量。

街边小吃的味道

油菜鸡蛋炒饼

烹饪时间：20分钟

难易程度：简单

加班后回家的路上，常常饥肠辘辘。街角的店里，似乎飘来了好闻的炒饼味道。学着复制一道街边小吃，也是蛮有成就感的一件事呢。

主料

油菜100克…鸡蛋2个
胡萝卜40克…绿豆芽40克
饼丝200克

辅料

油1汤匙…盐2克…老抽2茶匙
生抽2茶匙…辣椒粉1茶匙
蒜末10克

烹饪秘籍

可以提前将油菜焯熟，焯油菜的时候在水中加入一点盐和油，能够保持其色泽翠绿。

做法

1 油菜去掉根部，将叶子掰下，清洗干净；胡萝卜洗净后去皮，用擦丝器擦成丝；将鸡蛋磕入碗中，用筷子充分打散。

2 绿豆芽去掉根须，在清水中浸泡洗净，去掉浮在表面的绿豆皮后捞出，控干水分。

3 炒锅烧热后放入少许凉油，倒入鸡蛋液，炒熟打散后盛出备用。

4 倒入剩余的油，烧至七成热后放入蒜末和辣椒粉，煸炒至出香味。

5 放入绿豆芽和油菜煸炒至变软，再放入胡萝卜丝煸炒片刻。

6 放入饼丝翻炒片刻，加入老抽、生抽炒匀。

7 加入盐调味，放入炒好的鸡蛋，炒匀后即可出锅。

虽然名为辣酱，但是韩式辣酱其实并不辣，相反，还带有一丝甜甜的味道。韩式辣酱给炒饼披上了红彤彤的外衣，分外动人。

有点微微辣

韩式辣酱鱿鱼炒饼

烹饪时间：30分钟

难易程度：简单

主料

鱿鱼肉80克…紫洋葱50克
饼丝200克

辅料

油1汤匙…盐1克
韩式辣酱20克…海苔6克
香葱1棵

做法

1 将鱿鱼洗净后撕去鱿鱼皮；紫洋葱洗净，切小丁；香葱洗净，葱白切小段，葱叶切成葱花；海苔撕碎备用。

2 在鱿鱼内侧轻轻切横斜刀和竖斜刀，然后切成3厘米见方的小块。

3 将切好的鱿鱼块放入碗中，加入韩式辣酱搅拌均匀，腌制15分钟左右。

4 炒锅中放油，烧至七成热后放入葱白段和紫洋葱丁，煸炒至出香味。

5 放入腌制好的鱿鱼块，煸炒至鱿鱼变色熟透。

6 放入饼丝和海苔，加入盐调味，放入葱花，翻炒均匀即可出锅。

烹饪秘籍

1 给鱿鱼切花刀要在鱿鱼的内侧，因为鱿鱼内侧的肉质比较柔软，受热后会向反方向收缩卷曲，这样才会将漂亮的花刀露在外面。

2 炒鱿鱼的时候要大火快炒，同时注意不要炒得过久，以免炒老后口感变硬。

3 若担心将鱿鱼炒老，可提前将鱿鱼焯水，在最后放入饼丝的时候加入即可。

油亮亮，很诱人

西蓝花腊肠炒米粉

经过煸炒的腊肠色泽更加油亮，给翠绿的西蓝花也裹上了一层鲜亮的外衣，看起来是如此让人有食欲。

烹饪时间：20分钟

难易程度：简单

主料

广式腊肠80克…西蓝花80克
米粉200克

辅料

油1汤匙…盐2克…蒜末10克

烹饪秘籍

1 西蓝花焯水时加少许油和盐，能够令其保持颜色翠绿。

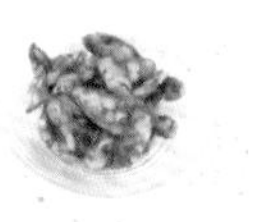

2 广式腊肠中含有部分肥肉，在煸炒过程中会有一部分油脂析出，所以炒面中油的用量可以适当减少。

3 腊肠用小火多煸炒一会儿，能够保证熟透而且味道会更香。

做法

1 西蓝花去掉粗茎，掰成尽量小的朵，洗净；广式腊肠洗净，用厨房纸擦干，斜切成薄片。

2 米粉提前浸泡至软，捞出，控干水分。

3 锅中加入清水和少许油、盐，煮至沸腾后放入西蓝花，焯熟后过凉开水，沥干。

4 炒锅放油，烧至七成热，放入蒜末煸炒出香味，放入腊肠，煸炒至出油且变得弯曲。

5 放入西蓝花煸炒片刻。

6 放入米粉炒匀，加入盐调味即可关火。

经典的咸菜

酸辣榨菜肉丝米线

烹饪时间：15分钟

难易程度：简单

主料

榨菜40克…猪里脊70克…油菜1棵
鸡蛋1个…鲜米线300克

辅料

油1汤匙…盐1茶匙…干辣椒2个
米醋1汤匙…大蒜10克…香葱1棵

做法

1 猪里脊洗净，控干水分后切成肉丝；油菜去掉根部，将叶子掰下并清洗干净；将鸡蛋磕入碗中，用筷子充分打散；大蒜去皮后洗净，切成蒜末；香葱洗净后将葱白切成小段，将葱叶切成葱花；干辣椒斜切成丝。

2 不粘锅小火烧热后倒入油，倒入蛋液，摊成薄薄的鸡蛋皮。

3 将煎好的鸡蛋皮放凉，切成约0.5厘米粗的丝。

4 炒锅中放油，烧至七成热后放入干辣椒丝、蒜末和葱白段，煸炒至出香味。

5 放入肉丝和榨菜煸炒片刻。

6 加入适量清水，煮至沸腾后将米线和油菜放入煮熟。

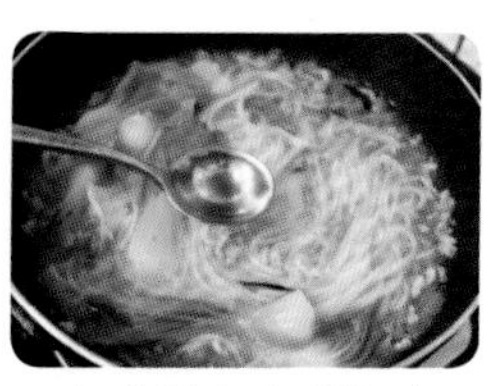

7 加入盐和米醋调味，将米线连同汤汁倒入大碗中。

8 撒上鸡蛋丝和葱花即可。

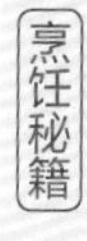

烹饪秘籍

1 榨菜有多种口味，可以根据自己的喜好选择，如果买来的是榨菜丝，需要提前切成丁。
榨菜具有一定的盐分，所以要根据自己的口味调整榨菜的用量。

2 市售米线的种类比较多，有干米线和鲜米线，粗细也各不相同，可以根据自己的喜好选择。

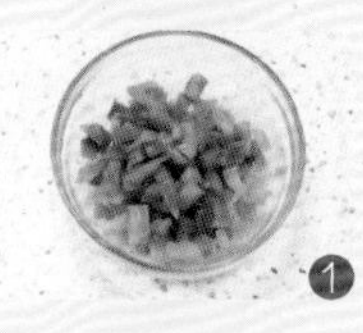

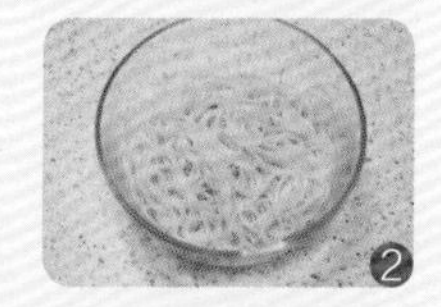

脆爽的榨菜非常经典百搭，作为流行了几十年的配菜，它可是非常受欢迎的。煮米线的时候放一点，嗯，别有一番风味。

家常茄子营养很丰富，做法也多种多样，搭配肉末跳跃在米线中，给每一口米线都裹上了油而不腻、咸鲜适中的味道。

入味下饭

茄子肉丁米线

烹饪时间：20分钟

难易程度：简单

主料

长茄子150克…猪五花肉70克
鲜米线300克

辅料

油1汤匙…盐1茶匙
绵白糖1茶匙…生抽1茶匙
豆瓣酱1汤匙…大蒜20克
香葱1棵

做法

1 长茄子洗净，切成约1厘米见方的小丁；五花肉洗净，控干水分后切成肉末；大蒜去皮，切成蒜末；香葱洗净后，将葱白切成段，将葱叶切成葱花。

2 茄子中撒入一半盐，腌制片刻。

3 锅内倒入油，烧至约七成热后放入蒜末、葱白段煸炒出香味。

4 放入肉末煸炒至颜色发白，放入盐、豆瓣酱、绵白糖、生抽炒匀。

5 放入茄子煸炒片刻，加入适量清水煮熟。

6 放入米线煸炒片刻，最后撒上葱花即可出锅。

烹饪秘籍

1 茄子切开后，由于氧化作用很容易变成褐色，可以将茄子切好后放在水中浸泡，隔绝空气，待使用时再捞起沥干，有助于避免茄子变色。

2 将茄子提前用盐腌制一下能够给茄子入底味，还能去除里面多余的水分，炒茄子的时候吸油量能够相对减少，更加健康。

酱香浓郁

香菇肉末炒米粉

菌菇和肉末经过煸炒之后，散发出来的香味让人沉醉，米粉被浓郁的酱香味道包裹，不知不觉吃掉一大碗。

烹饪时间：20分钟
难易程度：简单

主料

鲜香菇3朵…猪里脊60克
米粉200克

辅料

油1汤匙…生抽2茶匙
蚝油1茶匙…豆瓣酱2茶匙
大蒜15克…香葱1棵

做法

1 鲜香菇洗净、去蒂，切成小丁；猪里脊洗净，控干水分后切成肉末；大蒜去皮，切成蒜末；香葱洗净后将葱白切成小段，将葱叶切成葱花。

2 锅中加入适量清水，煮至沸腾后将米粉放入煮熟。

3 炒锅中放油，烧至七成热后放入蒜末和葱白段，煸炒至出香味。

4 放入肉末煸炒至颜色发白，倒入生抽、蚝油、豆瓣酱调味。

5 放入香菇，加入适量清水，小火炖至香菇熟透、汤汁半收干。

6 放入控干水的米粉翻炒均匀，撒上葱花即可出锅。

烹饪秘籍

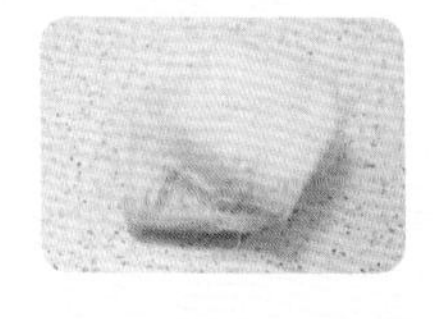

1 市售米粉的种类比较多，有干米粉和鲜米粉，粗细也各不相同，可以根据自己的喜好选择。

2 若选择鲜米粉则省去了煮制步骤，要注意根据米粉的吸水性，来调整水的用量，以免炒米粉的口感过干或者过湿。

奶香浓郁

奶油培根菌菇意面

烹饪时间：30分钟

难易程度：简单

主料

培根4片…紫洋葱50克…口蘑4朵
牛奶100毫升…意面100克

辅料

油少许…黄油5克…盐2克
黑胡椒粉2克…淡奶油40克

做法

1 口蘑洗净后切成薄片；紫洋葱去皮，洗净后切成细丝；培根切成小片。

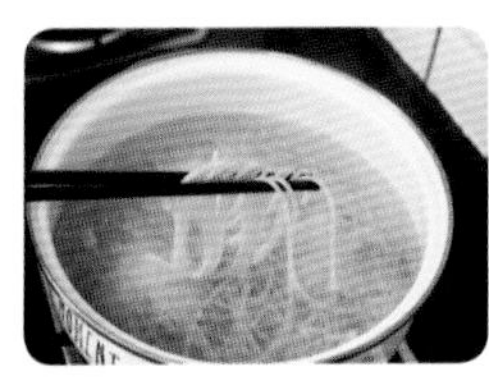

2 煮开一锅清水，水开后加入少许油和盐，放入意面煮熟。

3 另起一锅放入黄油，小火融化后放入培根煎至出油。

4 放入口蘑和紫洋葱，煸炒至八成熟。

5 加入牛奶和淡奶油，小火煮沸。

6 放入意面，加入盐、黑胡椒调味后，翻炒均匀即可出锅。

烹饪秘籍

1 如果想要奶香味更浓郁一些，可以适当增加淡奶油的用量，但是不宜过多增加，否则会腻。

2 淡奶油开封后需要密封冷藏，尽快使用完毕，如果家庭用量不是很大，建议购买小包装。

3 市售淡奶油有植物奶油和动物奶油之分，动物奶油是从全脂奶中分离得到的，有着天然的浓郁乳香，也比较健康。而植物奶油多是植物油氢化后，加入人工香料、防腐剂、色素及其他添加剂制成的，含有反式脂肪酸，摄入过多会导致胆固醇增高，增加心血管疾病的发病率。

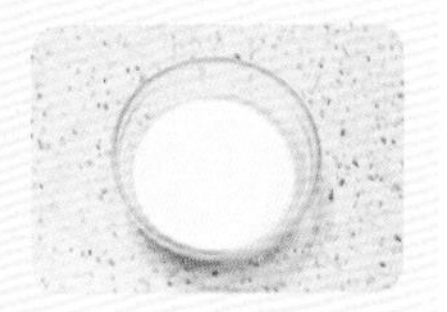

浓郁的奶香味，顺滑的口感，让这款意面俘获了很多人的心。何必去昂贵的西餐厅，自己在家也可以足够浪漫。

颜色很清新

鲜虾牛油果蝴蝶面

⌛ 烹饪时间：35分钟

难易程度：简单

主料

鲜虾120克…牛油果1个…紫洋葱50克
牛奶80毫升…意面100克

辅料

油少许…黄油5克…盐2克…胡椒粉2克
淀粉5克…料酒2茶匙

做法

1 鲜虾洗净后去掉虾头，在背部划一刀，用牙签挑出虾线后去壳，剥出完整的虾仁。

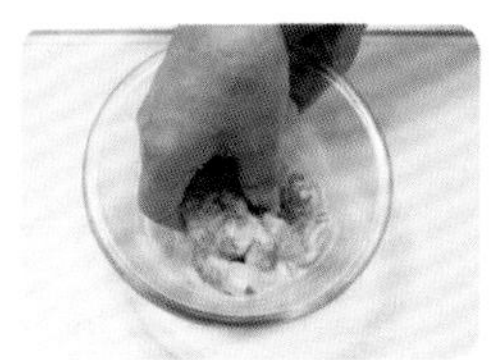

2 将虾仁放入大碗中，加入淀粉、胡椒粉和料酒抓匀，腌制15分钟左右。

3 紫洋葱去皮，洗净后切成小丁；牛油果去皮、去核，切成小块。

4 将牛油果和牛奶放入料理机，打成果泥。

5 煮开一锅清水，水开后加入少许油和盐，放入意面煮熟。

6 另起一锅放入黄油，小火融化后放入洋葱煸炒片刻。

7 放入虾仁继续煸炒至变色熟透。

8 倒入牛油果泥及意面，翻炒均匀即可出锅。

烹饪秘籍

牛油果要选择熟透的，这样口感最好。首先是看颜色，选择深色或者黑色的最好，青绿色的不要挑；其次是看手感，成熟的牛油果会变软，软硬适中的牛油果才是最适合食用的；再次是看外表，粗糙、带坑的比较好，果柄是黄绿色的比较好。

牛油果的绿真是让人喜欢不够呢，淡淡的颜色让意面看起来低调又奢华。细品一口，牛油果香和奶香交融，让人不得不感慨，真是有颜值又有内涵。

豆豉菌菇香

豉香茶树菇焖面

⌛ 烹饪时间：40分钟

难易程度：高等

主料

鲜茶树菇250克…菜心80克
鲜面条150克

辅料

油1汤匙…盐1克…绵白糖2克
豆豉酱25克…香葱1棵

做法

1 茶树菇洗净后控干水分；将菜心择洗净，切成两段；香葱洗净后，将葱白切成段，将葱叶切成葱花。

2 锅中加入清水，加入少许油和盐，煮沸后放入茶树菇和菜心段焯熟，过凉开水，沥干。

3 炒锅中放入油，放入葱白段，煸炒至出香味。

4 放入豆豉酱煸炒片刻后，倒入约300毫升清水，放入绵白糖和盐。

5 中火煮至汤汁烧开，将一半汤汁倒在小碗中备用。

6 将茶树菇放在锅底，铺上鲜面条，盖上锅盖，小火焖至汤汁基本收干。

7 将刚才的一半汤汁淋上，继续小火焖至汤汁基本收干，将面条拌匀。

8 出锅前放入菜心，撒上葱花即可。

烹饪秘籍

1 茶树菇焯水的步骤不可省略，一是可以去除茶树菇的涩味，令其口感更好；二是可以保证其充分熟透，能够防止因食用未烹饪熟的茶树菇而引起身体的不良反应。

2 菜心焯水的时候，可以在水中加入一点盐和油，能够帮助保持其色泽翠绿。

焖面中的面条因为吸收了足量的汤汁，滋味十足，带着豆豉的香味和菌菇的香味，这款焖面让人百吃不厌。

经过煸炒之后的培根散落在面条中，每一口都有独特的辣味和肉香，让这碗红彤彤的面条显得分外诱人，我要给满分。

红彤彤，很诱人

韩式辣酱培根炒面

烹饪时间：30分钟

难易程度：简单

主料

培根4片…鲜面条150克
青甜椒50克

辅料

油1汤匙…盐2克
韩式辣酱20克…香葱1棵

做法

1 青甜椒洗净，去子，切成细丝；香葱洗净，葱白切成段，葱叶切成葱花。

2 不粘锅中刷薄薄一层油，开小火将培根煎熟，放凉后切成1厘米见方的培根片。

3 锅中加清水，煮至沸腾后放入面条煮熟，捞出后过凉开水，用筷子挑开，防止面条粘连。

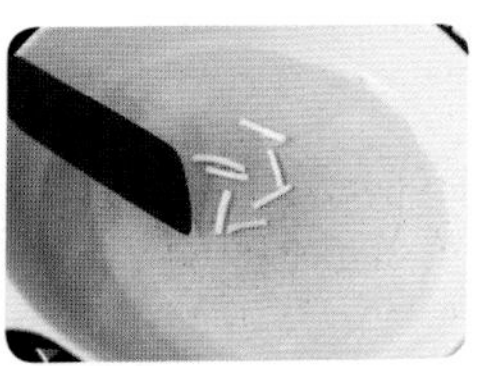

4 炒锅中放油，烧至七成热后放入葱白段，煸炒至出香味。

5 放入青甜椒丝、培根片煸炒片刻。

6 放入面条炒匀，加入韩式辣酱和盐调味，出锅前撒上葱花即可关火。

烹饪秘籍

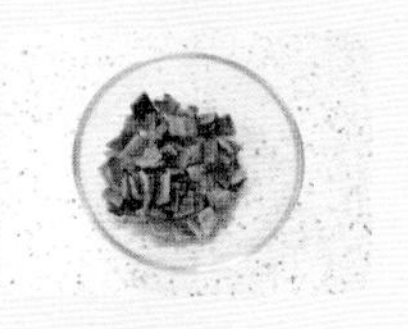

1 培根中含有一部分盐，炒面时盐的用量要根据自己的口味进行调整，以免味道过咸。

2 用来做炒面的面条最好不要太细，用略粗一些的面条，能使炒面成品更好看，口感也更好。

3 用来做炒面的面条要筋道一些，并且不要煮太烂，以免翻炒的时候炒碎，影响品相和口感。

夏天烧烤的味道

孜然土豆火腿炒饭

烹饪时间：20分钟

难易程度：简单

主料

火腿肠60克…土豆100克
鸡蛋2个…青甜椒50克
米饭300克

辅料

油1汤匙…盐2克
孜然粉1茶匙

烹饪秘籍

1 土豆多清洗几遍，能够去除多余淀粉，让炒饭中的土豆口感更为脆爽。

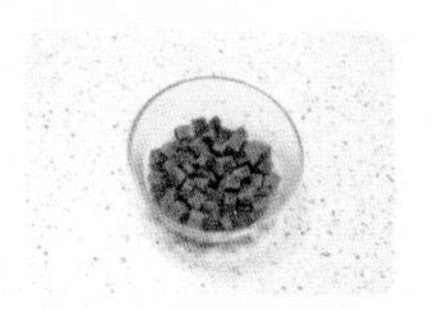

2 火腿的品种很多，可以购买油脂含量较为丰富的品种，这样炒饭的味道会更香。

3 做炒饭用的米饭最好是水分稍微少一些的，这样做出来的炒饭粒粒分明，更有品相，更加入味。

做法

1 土豆洗净、去皮，切小丁，在清水中清洗几遍，洗去多余淀粉；青甜椒洗净，去子，切小丁；火腿肠切小丁。

2 将蛋黄分离出来，放入米饭中，充分拌匀。

3 炒锅中倒入油，烧至七成热后放入火腿肠丁煸炒片刻。

4 放入土豆丁和青甜椒丁煸炒至熟透，盛出备用。

5 倒入裹了蛋黄液的米饭，充分煸炒至米粒颗粒分明。

6 放入炒好的配菜，加入盐和孜然粉调味，翻炒均匀即可出锅。

经典的搭配

香菇鸡丁炒饭

烹饪时间：30分钟

难易程度：简单

主料

鸡胸肉80克…鲜香菇2朵
青豌豆30克…米饭300克

辅料

油1汤匙…盐2克…料酒2茶匙…生抽2茶匙
蚝油1茶匙…蒜末10克…姜丝10克…香葱1棵

做法

1 鸡胸肉洗净后切成丁；鲜香菇洗净、去蒂，切成丁；青豌豆洗净后控干水；香葱洗净后将葱白切成小段，将葱叶切成葱花。

2 将鸡肉丁放入碗中，加入料酒、姜丝腌制约20分钟。

3 将蚝油、生抽放入碗中，加入少量清水调成汁。

4 锅中加入清水，煮至沸腾后将鲜香菇丁和青豌豆放入，焯熟后过凉开水，捞出控干。

5 另起一锅放油，烧至七成热后放入葱白段和蒜末，煸炒至出香味。

6 放入腌制好的鸡肉丁，将调好的酱汁倒入，小火炒至汤汁基本收干。

7 放入打散的米饭、鲜香菇丁和青豌豆，煸炒至米粒颗粒分明。

8 最后加入盐和葱花，翻炒均匀后即可关火。

烹饪秘籍

新鲜的鸡胸肉肉质细嫩，口感较好，比较适合炒饭。尽量不要购买冷冻的鸡胸肉，因为解冻后会失去部分水分，口感比较柴一些。

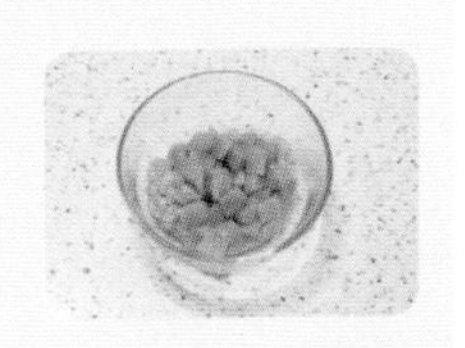

香菇和鸡丁真是经典搭配，二者鲜美的味道相互融合，颗颗米粒带着浓郁的米香，就是令人难忘的美味。

一定要趁热吃

奶酪鱿鱼丁炒饭

⌛ 烹饪时间：30分钟

难易程度：简单

主料

鱿鱼肉100克…马苏里拉奶酪80克
胡萝卜40克…米饭300克

辅料

油1汤匙…盐2克…胡椒粉2克
料酒2茶匙…香葱1棵

做法

1 将鱿鱼洗净后撕去鱿鱼皮，切成1厘米见方的小块，再次洗净。

2 胡萝卜洗净，去皮后切成小丁；鱿鱼丁放在小碗中，加入胡椒粉和料酒腌制15分钟；香葱洗净后将葱白切成小段，将葱叶切成葱花。

3 锅中加入清水，煮至沸腾后放入胡萝卜丁和鱿鱼片，焯熟后过凉开水，捞出控干水分。

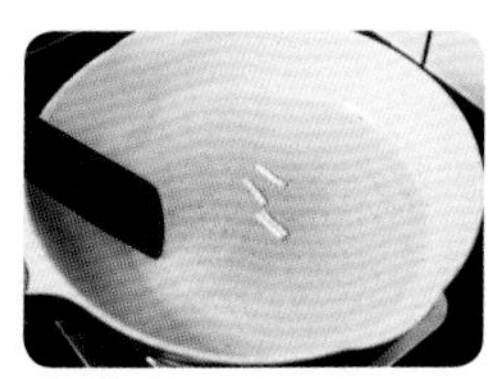

4 炒锅中放油，烧至七成热后放入葱白段，煸炒至出香味。

5 放入打散的米饭、胡萝卜丁和鱿鱼片，煸炒至米粒颗粒分明。

6 放入奶酪炒至融化，加入盐调味并翻炒均匀，出锅前撒上葱花即可。

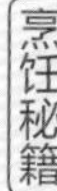

鱿鱼处理方法：

1 将鱿鱼在流水中清洗几遍，剪开鱿鱼筒，将鱿鱼的软骨、内脏和头部取下。

2 鱿鱼头剪开后去掉嘴巴、眼睛部分，耐心撕掉鱿鱼须上的皮和吸盘。

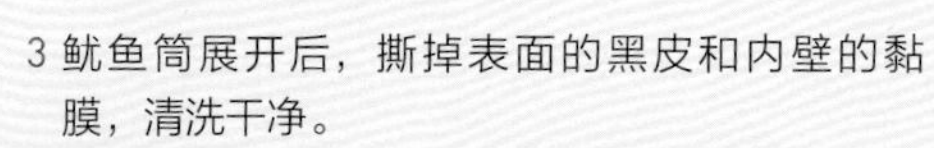

3 鱿鱼筒展开后，撕掉表面的黑皮和内壁的黏膜，清洗干净。

4 在鱿鱼内壁斜切一字刀，然后垂直切一字刀，小心不要切断。

5 最后将鱿鱼切成较为规则的长方形即可。

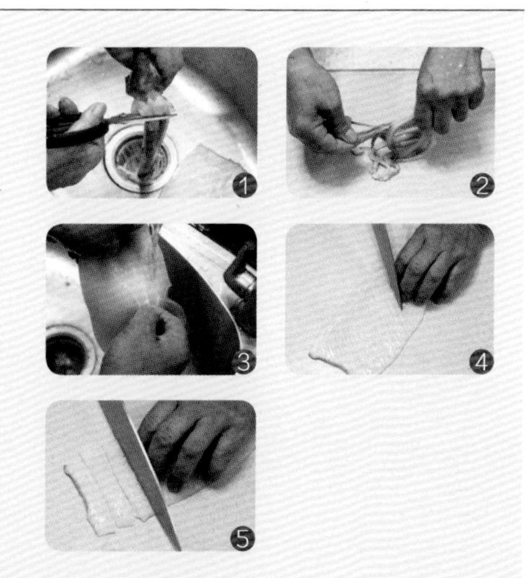

炒饭里的鱿鱼口感是有点脆爽的，奶酪的加入又给米饭增添了别样的味道。细细品味，鲜美的滋味让每一粒米都变得无比可口，据说，趁热吃的口感更棒哦！

低脂美味

芦笋虾仁鸡丁炒饭

⌛ 烹饪时间：35分钟
难易程度：简单

主料

芦笋100克…鲜虾150克
鸡胸肉80克…米饭300克

辅料

油1汤匙…盐2克…胡椒粉2克
淀粉5克…料酒4茶匙…姜丝10克

做法

1 将芦笋根部稍微老的部分和尖部的花都切掉，削皮、洗净，斜切成片；鸡胸肉洗净后切成丁，放入大碗中，加入2茶匙料酒、姜丝腌制约15分钟。

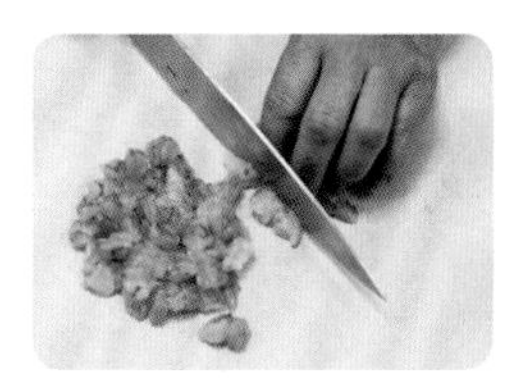

2 鲜虾洗净后去掉虾头，在背部划一刀，用牙签挑出虾线后去壳，切成小段。

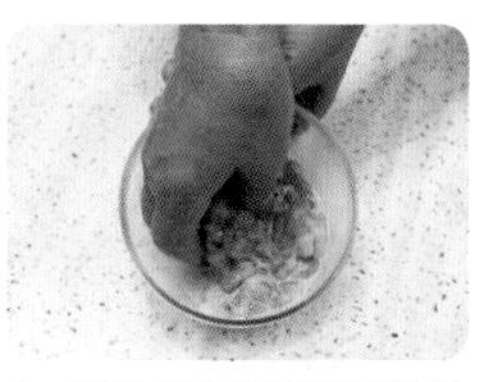

3 将处理好的鲜虾段放入大碗中，加入淀粉、胡椒粉和2茶匙料酒抓匀，腌制15分钟左右。

4 锅中加入清水，煮至沸腾后放入芦笋片，焯熟后捞出，过凉开水，控干水分。

5 炒锅中放油，烧至七成热后放入鸡肉丁，煸炒至颜色发白。

6 放入虾仁段煸炒至八成熟。

7 放入打散的米饭，煸炒至米粒颗粒分明。

8 放入芦笋片，加入盐调味，翻炒均匀后即可关火。

烹饪秘籍

1 芦笋的营养价值很高，有蔬菜之王之称。在挑选芦笋时，一是看芦笋的粗细，上下粗细均匀、底部直径在1厘米左右的最好；二是看芦笋的长度，大约20厘米长的芦笋比较嫩；三是可以掐一下芦笋的底部，水分含量比较大的芦笋口感更好。

2 芦笋的上半部分比较嫩，这部分可以不用去皮，只需要用刀背轻轻刮一下，将表面略微处理即可。

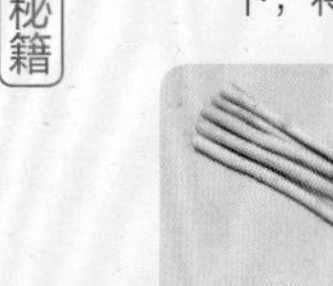

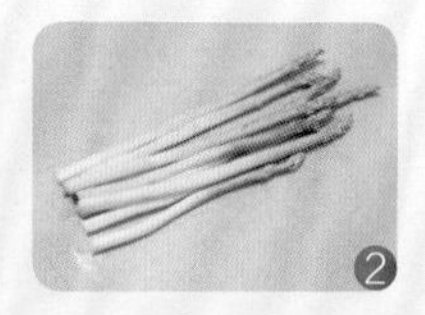

健身的时候嘴巴馋怎么办？试试这道炒饭吧！有营养的芦笋、鲜美的虾仁、软嫩的鸡丁，看到这个组合，有没有心动？

高颜值，很健康

米饭三明治

烹饪时间：20分钟

难易程度：简单

主料

米饭250克…鸡蛋2个…番茄半个
黄瓜60克…胡萝卜60克

辅料

油2茶匙…盐2克…沙拉酱1汤匙…大蒜10克

做法

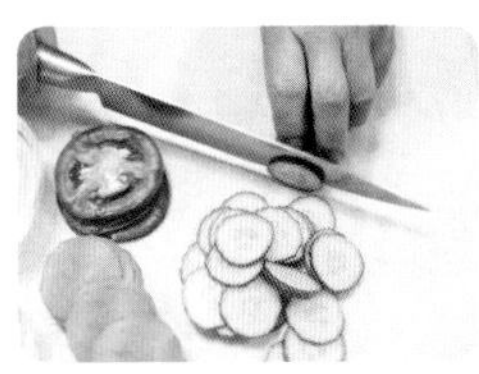

1 蛋清和蛋黄分离备用；番茄洗净后切成薄片；黄瓜洗净后切成薄片；胡萝卜洗净，去皮后切成薄片；大蒜去皮，洗净后切成蒜末。

2 米饭中加入蛋黄、盐，搅拌均匀。

3 炒锅底部刷一层油，小火预热，倒入蛋清煎熟成为蛋白饼后盛出。

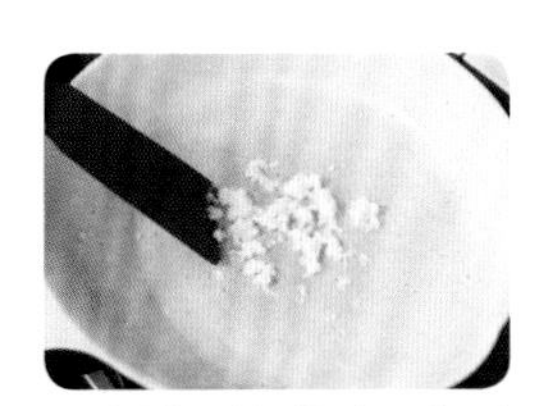

4 倒入剩余的油，烧至七成热后放入蒜末，煸炒至出香味。

5 放入米饭，煸炒至颗粒分明后盛出。

6 案板上铺一张保鲜膜，放上一半炒好的米饭，整理成正方形，抹上一层沙拉酱。

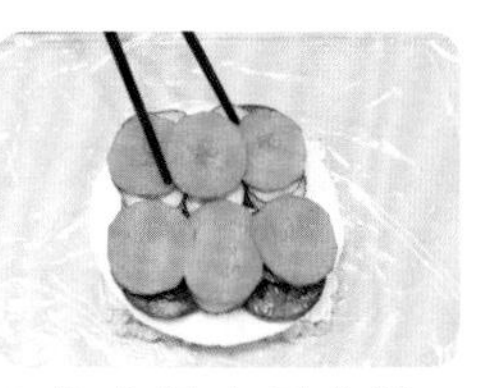

7 依次铺上蛋白饼、番茄片、黄瓜片和胡萝卜片。

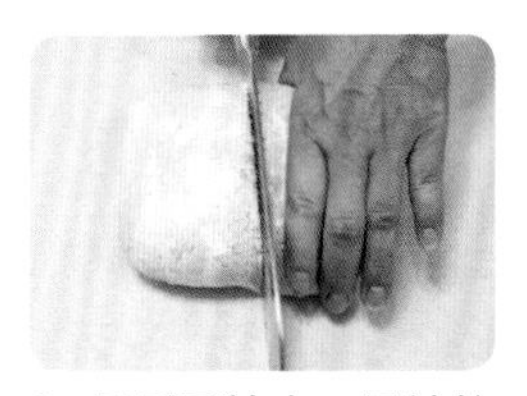

8 最后再抹上一层沙拉酱，铺上另一半米饭，用保鲜膜包好，从中间切开即可。

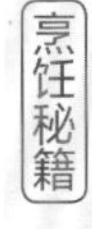

1 做米饭三明治用的米饭要颗粒分明，蒸米饭的时候可以适当少加一点水，以免蒸好的米饭过湿、过黏。

2 除了用保鲜膜直接将米饭包起来，还可以选择各种形状的饭团模具，为米饭三明治做出更多的造型。

3 米饭三明治选用的食材可以根据自己的喜好调整，但要遵循色彩多变的原则，这样做出来的三明治颜值更高。

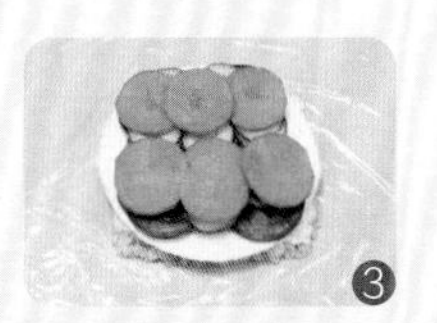

谁说三明治只能用吐司做？没想到吧，米饭也能做三明治哦！是不是还蛮有特色呢？在这款三明治的基础上发挥想象，你可以得到无数款有创意的中式三明治哦！

福气满满

海苔肉松福袋蛋包饭

烹饪时间：30分钟

难易程度：简单

主料

米饭1碗…鸡蛋3个…黄瓜40克…火腿肠40克
甜玉米粒30克…肉松20克…海苔6克

辅料

油2茶匙…盐1克…水淀粉1汤匙…香菜茎数根

做法

1 黄瓜洗净后去皮，切成丁；甜玉米粒在清水中洗净，控干水分；火腿肠切成丁；海苔撕碎。

2 鸡蛋打散后加入水淀粉，搅拌均匀。

3 煎锅底部刷一层油，小火预热后，将鸡蛋液倒入摊成手掌大的蛋皮，备用。

4 另起锅中加入清水，煮至沸腾后将甜玉米粒放入，焯熟后过凉开水，捞出控干水分。

5 炒锅中放油，烧至七成热后放入火腿肠丁、黄瓜丁和甜玉米粒，煸炒片刻。

6 放入打散的米饭，煸炒至颗粒分明。

7 加入盐调味，放入肉松和一半海苔碎翻炒均匀。

8 将炒饭团成饭团，放在蛋皮中间包裹起来，用香菜茎系紧，剩余海苔碎撒在表面装饰即可。

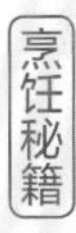

1 水淀粉使用之前要进行搅拌，防止底部有沉淀而不均匀。

2 煎鸡蛋的时候要用热锅凉油，即先将锅烧热后，再倒入油，然后再倒入蛋液。

蛋液倒入锅中后，要轻轻转动煎锅，让蛋液在煎锅中形成一个厚薄均匀的圆形，这样煎出来的鸡蛋皮比较有规则。

3 一定要小火慢煎，防止蛋皮煳掉。

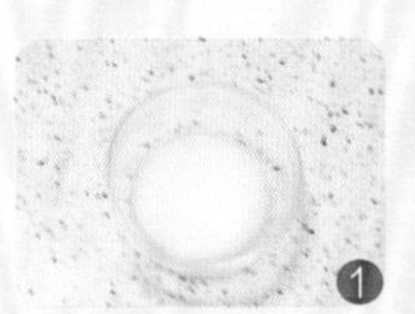

蛋包饭也有好多花样，比如这个像小福袋一样的蛋包饭，萌萌哒，特别受小朋友的欢迎呢。还可以把各种食材裹在里面，小朋友一口气能吃好几个。

一朵浪漫的花

冰花水煎包

烹饪时间：30分钟

难易程度：简单

主料

大饺子皮150克…韭菜200克
鸡蛋3个…干虾皮20克

辅料

油2茶匙…盐2克…蚝油2茶匙
生抽2茶匙…十三香1克…香油2茶匙
淀粉10克…香葱1棵…熟黑芝麻5克

做法

1 韭菜洗净、控干水，切碎；香葱洗净后切成葱花；鸡蛋磕入碗中打散；淀粉中加入清水，搅匀成为水淀粉。

2 煎锅烧热后放入凉油，倒入鸡蛋液，炒熟打散后盛出备用。

3 将韭菜碎和炒好的鸡蛋放入大碗中，加入干虾皮、盐、蚝油、生抽、十三香、香油拌匀。

4 将饺子皮略微擀薄一些，包入馅料，捏褶成为包子。

5 利用煎锅中的底油，小火预热后，放入包子煎至底部金黄。

6 加入小半碗热水，盖上锅盖，焖5分钟左右至包子熟透。

7 倒入小半碗水淀粉，大火加热，待水淀粉变干出现冰花时改小火。

8 最后撒上葱花和黑芝麻即可出锅。

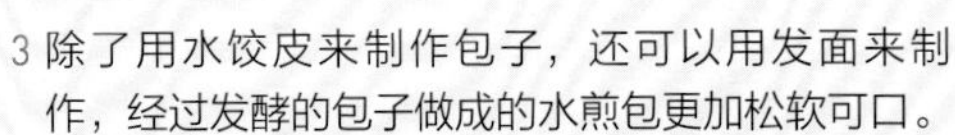

1 摆放包子的时候，中间要有空隙，这样做出来的冰花更好看。

2 水和淀粉的比例大概在10：1，这样做出来的冰花比较漂亮。

3 除了用水饺皮来制作包子，还可以用发面来制作，经过发酵的包子做成的水煎包更加松软可口。

4 韭菜碎和鸡蛋中先放入香油，让油脂包裹住韭菜，搅拌均匀后再放入其他调料，能够减少韭菜中的水分析出，让成品的口感更鲜嫩。

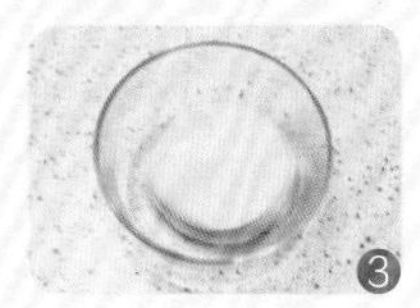

一说起自己包包子，很多人都会望而却步。确实，揉面、发面、拌馅，费时又麻烦。那我们就偷个懒，用现成的饺子皮来做个好看又好吃的水煎包吧！

太阳般温暖

抱蛋煎饺

⌛ 烹饪时间：20分钟

难易程度：简单

主料

水饺10只…鸡蛋2个
香葱半根…黑芝麻3克

辅料

油2茶匙…盐1克

做法

1 鸡蛋磕入大碗中，打散后加入盐，拌匀；香葱切成葱花。

2 煎锅底部刷一层油，小火预热后，将水饺放入摆放好。

3 将水饺稍煎片刻定形，倒入水饺高度一半的清水。

4 盖上盖子，小火焖5分钟左右。

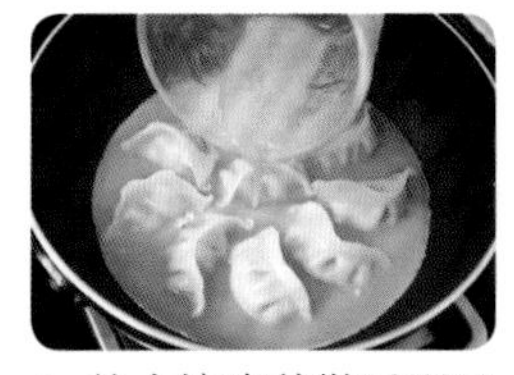

5 待水饺皮稍微透明且水分基本收干，在水饺空隙中倒入蛋液。

6 待蛋液凝固后，撒上葱花和黑芝麻即可出锅。

烹饪秘籍

1 水饺焖熟的时间要根据水饺的馅料有所调整，肉类馅料的水饺可适当增加时间，蔬菜馅料的水饺可适当减少时间。

2 最好不要用速冻水饺，速冻水饺经过解冻后再煎制，口感会变差很多。

3 水饺摆放的时候不要太拥挤，相互之间留一些空隙，这样成品会更好看一些。

4 鸡蛋的数量要根据水饺的数量和煎锅的大小进行调整，蛋液不要太少，以铺满煎锅底部为宜。

鸡蛋和煎饺完美结合，金灿灿的好像太阳般温暖。跟平常的煮水饺感觉不同，这种做法让水饺有了脆和软嫩相结合的独特口感。

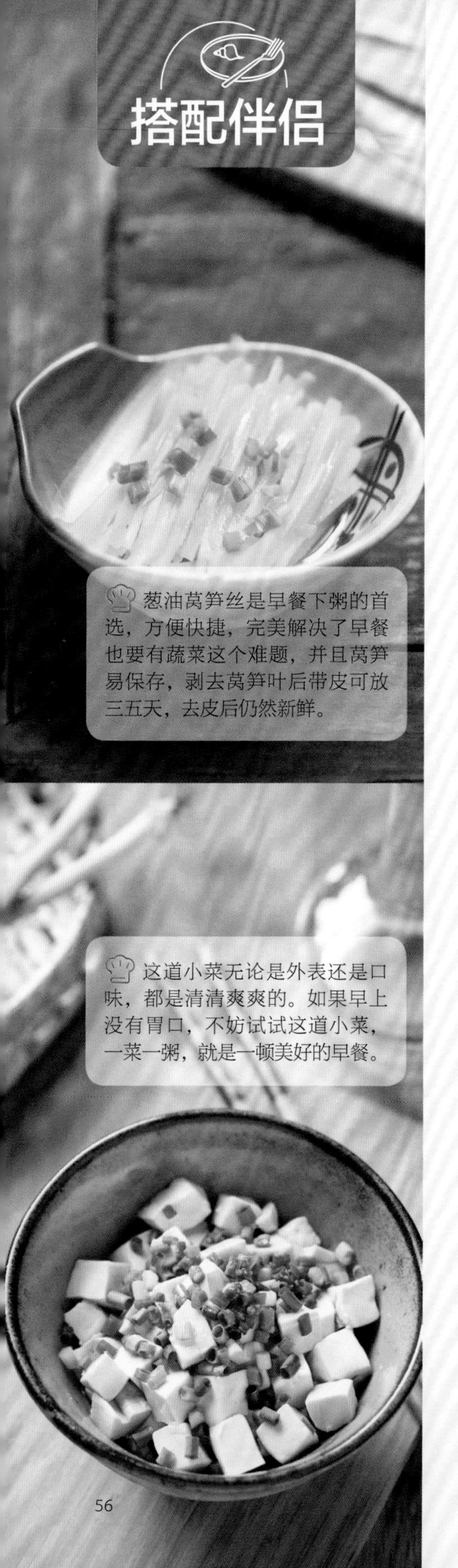

碧绿小清新

葱油莴笋丝

烹饪时间：15分钟　　难易程度：简单

主料

莴笋半根（约150克）

辅料

盐5克…细香葱2根…油1汤匙

做法

1 莴笋去皮，洗净，切成细丝。
2 将莴笋丝用盐抓匀，静置5分钟，挤去多余水分，放在盘中。
3 细香葱剥洗干净，切成葱花，放在莴笋丝上。
4 烧热油淋上，吃时拌匀即可。

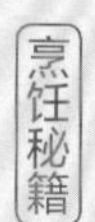

烹饪秘籍

将葱花换成花椒粒，用油炸香淋上也可以。

葱油莴笋丝是早餐下粥的首选，方便快捷，完美解决了早餐也要有蔬菜这个难题，并且莴笋易保存，剥去莴笋叶后带皮可放三五天，去皮后仍然新鲜。

一清二白

小葱拌豆腐

烹饪时间：15分钟　　难易程度：简单

主料

豆腐250克

辅料

盐1/2茶匙…香葱2棵…香油1/2茶匙

做法

1 豆腐洗净后控干水，切成约1厘米见方的丁；香葱洗净后控干水，切成葱花。
2 锅中加入清水，煮开后放入豆腐丁，焯1分钟左右。
3 将焯好的豆腐丁在凉开水中过凉，沥干。
4 将豆腐丁和葱花放在大碗中，加入盐和香油拌匀即可。

烹饪秘籍

豆腐是熟制品，可以直接食用。为了健康卫生起见，焯烫一下可以起到杀菌的作用。

这道小菜无论是外表还是口味，都是清清爽爽的。如果早上没有胃口，不妨试试这道小菜，一菜一粥，就是一顿美好的早餐。

2 烤箱电饼铛的花样

曾经有人问过我，能够提升幸福感的小家电是什么？我仔细想了想，当属烤箱和电饼铛吧。除了常吃的家常菜，很多花样美食正是来自于烤箱和电饼铛。依然记得刚买回烤箱和电饼铛的那些日子，煎啊烤啊，每天都很积极地去思考一日三餐，至今仍然记得每次做好美食之后的喜悦和满足。

心满意足

海鲜奶酪焗饭

烹饪时间：40分钟

难易程度：中等

主料

鲜虾150克…瑶柱80克…胡萝卜40克
马苏里拉奶酪80克…米饭300克

辅料

油1汤匙…盐2克…胡椒粉2克
淀粉5克…料酒2茶匙

做法

1 鲜虾洗净后去掉虾头，在背部划一刀，用牙签挑出虾线后去壳，剥出完整的虾仁。

2 将虾仁切成小丁，放入大碗中，加入淀粉、胡椒粉和料酒抓匀，腌制20分钟左右。

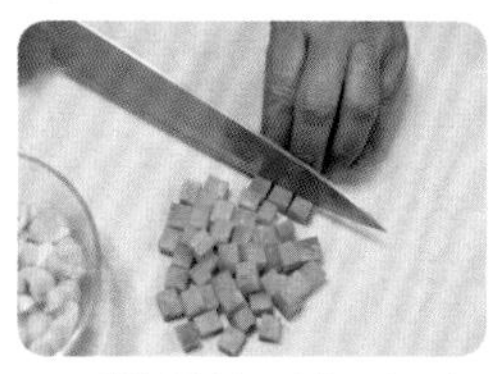

3 瑶柱清洗干净后，切成小丁；胡萝卜洗净，去皮后切成小丁。

4 炒锅中放油，烧至七成热后放入胡萝卜丁、虾仁和瑶柱，煸炒至熟后盛出。

5 锅中放入打散的米饭，煸炒至米粒颗粒分明。

6 放入一半奶酪炒至融化，放入胡萝卜丁、虾仁和瑶柱，加入盐调味并翻炒均匀。

7 将米饭盛在焗碗中，将另一半奶酪铺在米饭表面。

8 烤箱设置190℃，选择上下火，将焗碗放在中层，烘烤10分钟左右即可。

烹饪秘籍

1 烤箱的温度各有不同，要根据自己的烤箱调整温度和时间，看到表面的奶酪融化并微微呈现焦黄色即可。

2 最好买新鲜的瑶柱，其次选择速冻的，这样的瑶柱水分含量比较大，吃起来口感比较嫩。

3 焗饭要经过烤箱高温烘烤，因此一定要选择耐高温的容器来制作。

鲜美的海鲜是大海的馈赠，吃的时候脑海中会忍不住浮现出大海那一片广阔的蔚蓝，心情也随之无比舒畅。

简约经典

奥尔良鸡丁焗饭

烹饪时间：40分钟

难易程度：中等

主料

鸡胸肉80克…马苏里拉奶酪50克…青甜椒40克
红甜椒40克…紫洋葱40克…米饭250克

辅料

油1汤匙…盐2克…奥尔良调料2茶匙
料酒2茶匙…蒜末10克…姜丝10克

做法

1 鸡胸肉洗净后切成丁；红甜椒和青甜椒洗净后，去掉内部的子，切成小丁；紫洋葱洗净后切成丁。

2 将鸡肉丁放入碗中，加入料酒、姜丝、奥尔良调料腌制约20分钟。

3 炒锅中放油，烧至七成热后放入蒜末和紫洋葱丁，煸炒至出香味。

4 放入腌制好的鸡肉丁，煸炒至颜色发白。

5 加入红甜椒丁、青甜椒丁煸炒片刻。

6 放入打散的米饭，加入盐调味，煸炒至米粒颗粒分明。

7 将米饭盛在焗碗中，将奶酪铺在米饭表面。

8 烤箱设置190℃，选择上下火，将焗碗放在中层，烘烤10分钟左右即可。

烹饪秘籍

除了在烤箱中烘烤，这款焗饭也可以在微波炉中制作，要注意的是，进入微波炉不要选择金属容器或者有金属边的容器，否则会引发危险。

奥尔良味道真是让人喜欢，堪称永远的经典。细细品味，它带有一丝丝的甜味，跟奶酪的鲜味相得益彰，搭配在一起很是出彩呢。

脆脆爽爽好味道

芹菜肉丁焗饭

烹饪时间：25分钟

难易程度：简单

主料

芹菜100克…猪五花肉80克…胡萝卜40克
马苏里拉奶酪50克…米饭300克

辅料

油1汤匙…盐2克…黑芝麻5克

做法

1 芹菜择去筋和叶子后洗净，切成小丁；胡萝卜洗净，去皮后切成丁；猪五花肉洗净，控干水分后切成肉丁。

2 锅中加入清水，煮至沸腾后将芹菜丁放入，焯熟后过凉开水，捞出控干水分。

3 炒锅中放油，烧至七成热后放入五花肉丁，煸炒至颜色发白。

4 放入胡萝卜丁和芹菜丁煸炒片刻。

5 放入打散的米饭，加入盐调味，煸炒至米粒颗粒分明。

6 将米饭盛在焗碗中，将奶酪铺在米饭表面。

7 将黑芝麻撒在奶酪表面。

8 烤箱设置190℃，选择上下火，将焗碗放在中层，烘烤10分钟左右即可。

烹饪秘籍

1 焯芹菜的时间不要过久，可以在水中加几滴油和少许盐，这样能够保持芹菜的色泽碧绿。

2 芹菜焯好后捞出过凉开水，可以使芹菜的口感更加脆爽。

3 这道炒饭中不要加生抽、蚝油等深色的调味品，否则会破坏焗饭的颜色和清爽的味道。

①

②

脆脆爽爽的芹菜真是宝，其中含有丰富的膳食纤维，对于降低血压和血脂是有一定功效的哦，而且芹菜特有的清爽味道，给焗饭注入了别样的新鲜活力。

圆白菜腊肉焗饭

⌛ 烹饪时间：25分钟

难易程度：简单

主料

圆白菜100克…腊肉70克
马苏里拉奶酪50克…米饭300克

辅料

油1汤匙…盐2克…生抽2茶匙…绵白糖1/2茶匙
蚝油1茶匙…蒜末10克…香葱1棵…干辣椒4颗

做法

1 圆白菜洗净后控干水分，将叶子切成1厘米见方的片；香葱洗净后切成葱花；干辣椒斜切成细丝。

2 锅中加入清水煮开，放入腊肉煮约20分钟至熟透，捞出放凉后切成丁。

3 炒锅中放油，烧至七成热后放入腊肉，小火煎出油脂。

4 放入葱花、蒜末和干辣椒丝，爆炒至出香味。

5 放入圆白菜煸炒片刻，加入盐、生抽、蚝油、绵白糖调味。

6 放入打散的米饭，煸炒至米粒颗粒分明。

7 将米饭盛在焗碗中，将奶酪铺在米饭表面。

8 烤箱设置190℃，选择上下火，将焗碗放在中层，烘烤10分钟左右即可。

烹饪秘籍

1 炒圆白菜的时候尽量用大火爆炒，这样炒出来的圆白菜口感比较脆爽。

2 腊肉能够煎出部分油脂，焗饭中油的用量可以适当减少一些。

3 腊肉在干燥的环境中储存时间比较久，不宜放在冰箱冷藏室中，因为冰箱冷藏室中经常存放蔬菜水果等水分大的食物，湿度较大，对腊肉储存不利。

①

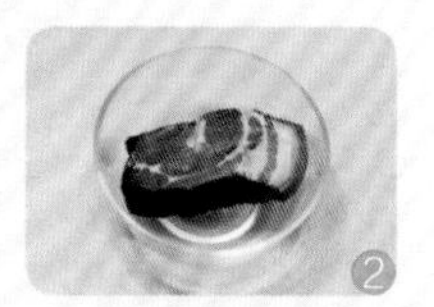

②

腊肉经过煸炒之后变得香味十足，也为这道焗饭中的丰富的油脂贡献了一分力量。油亮亮是这道焗饭的特色，每一口都能够感受到令人满足的香气。

嫩嫩的牛柳吃不够

西蓝花牛柳焗面

烹饪时间：40分钟

难易程度：中等

主料

牛里脊100克…马苏里拉奶酪50克…紫洋葱40克
青甜椒30克…红甜椒30克…鲜面条150克

辅料

油1汤匙…盐2克…料酒2茶匙
生抽2茶匙…黑胡椒粉1克

做法

1 牛里脊洗净后控干水分，切成肉丝；紫洋葱去皮，洗净后切成丝；红甜椒和青甜椒洗净，去掉子，切成细丝。

2 将牛肉丝放入碗中，加入料酒、生抽、黑胡椒粉，腌制约20分钟。

3 煮开一锅清水，水开后放入面条煮熟，捞出后放入凉开水中，用筷子挑开，防止面条粘连到一起。

4 炒锅中放油，烧至七成热后放入牛里脊丝，快速滑熟后盛出备用。

5 利用锅中底油，放入紫洋葱丝、青甜椒丝和红甜椒丝，煸炒片刻。

6 放入面条和牛里脊丝，加入盐炒匀。

7 将面条盛在焗碗中，将奶酪铺在面条表面。

8 烤箱设置190℃，选择上下火，将焗碗放在中层，烘烤10分钟左右即可。

烹饪秘籍

1 腌制牛里脊丝时，可以加入一点蛋清和淀粉，这样腌制出的牛里脊丝经过爆炒之后，口感会更好。

2 切牛肉时，首先要观察牛肉的纹路，不能顺着纹路切，要逆着纹路切。另外，还要注意去掉外面的筋膜，这样牛肉更易嚼。

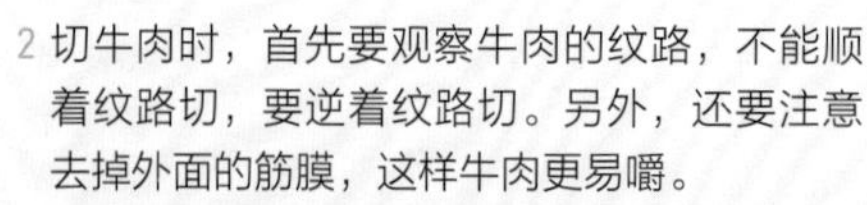

3 牛脊椎骨内侧的条状肉是最嫩的部分，即牛里脊，其大部分都是脂肪含量低的精肉，很适合煎、炒。

鲜嫩可口的牛柳和营养丰富的西蓝花搭配起来会如何呢？抱着一试的心态做了这道焗面，嗯，味道很不错。

西餐厅的小浪漫

虾仁培根焗意面

烹饪时间：40分钟

难易程度：中等

主料

鲜虾80克…番茄1个…培根2片…马苏里拉奶酪50克
紫洋葱40克…圣女果6颗…意面100克

辅料

黄油10克…盐2克…番茄酱1汤匙…胡椒粉2克
淀粉5克…料酒2茶匙…油少许

做法

1 鲜虾洗净后去掉虾头，在背部划一刀，用牙签挑出虾线后去壳，剥出完整的虾仁；番茄去皮后切成小块；紫洋葱去皮，洗净后切成丝；圣女果洗净切成两半。

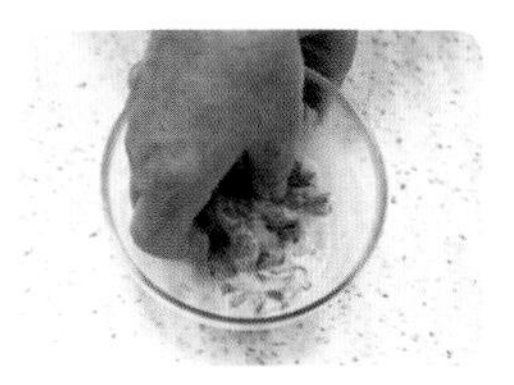

2 将虾仁放入大碗中，加入淀粉、胡椒粉和料酒抓匀，腌制20分钟左右。

3 炒锅中倒入少许油，小火将培根煎熟，取出放凉后切成1厘米见方的片。

4 煮开一锅清水，水开后加入少许油和盐，放入意面煮熟。

5 黄油放入锅中，小火融化，放入洋葱、虾仁和番茄，翻炒至八成熟。

6 加入番茄酱、盐调味，放入煮好的意面和培根翻炒均匀。

7 将意面盛在焗碗中，表面铺上奶酪和圣女果。

8 烤箱设置190℃，选择上下火，将焗碗放在中层，烘烤10分钟左右即可。

烹饪秘籍

1 意大利面的整体质感要比普通挂面硬，在煮意面时水量要比煮挂面的多一些，而且开始要不断地搅拌下面的面条，使其软化后都进入到开水中。

2 煮意面的过程中要用筷子不断搅拌，避免面条互相粘连。

3 煮意面的水中要加入适量盐，这样煮出来的意面口感才会更好。

1

2

3

听说这款意面好吃到哭，趁着周末，就悄悄尝试了一下。对于奶酪控和意面爱好者来说，这款意面会不会俘获他们的心呢？

一颗一颗螺旋意面很是有趣，加点色彩鲜艳的蔬菜，给意面带来跳跃的颜色，一上桌就吸引了家里小朋友的目光呢。

彩色螺旋转圈圈

彩蔬螺旋意面

烹饪时间：40分钟

难易程度：中等

主料

胡萝卜40克···西蓝花50克
红肠40克···马苏里拉奶酪50克
螺旋意面100克

辅料

黄油5克···意面肉酱30克
油少许···盐少许

做法

1 胡萝卜洗净，去皮后切成丁；西蓝花去掉粗茎，掰成尽量小的朵，清洗干净；红肠切成小丁。

2 锅中加入清水和少许的油、盐，煮至沸腾后将西蓝花和胡萝卜丁放入，焯熟后过凉开水，捞出控干水分。

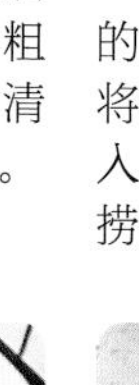

3 煮开一锅清水，水开后加入少许油和盐，放入意面煮熟。

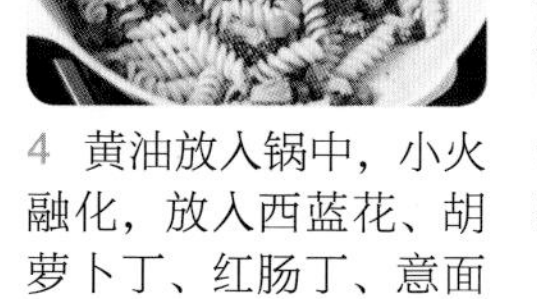

4 黄油放入锅中，小火融化，放入西蓝花、胡萝卜丁、红肠丁、意面肉酱、意面翻炒均匀。

5 将意面盛在焗碗中，将奶酪铺在表面。

6 烤箱设置190℃，选择上下火，将焗碗放在中层，烘烤10分钟左右即可。

烹饪秘籍

1 意大利面比较难煮熟，因此煮的时候要多放一些水，在快要煮好的时候可以捞出一根，掰开看看中间是否有白心，没有白心为煮好。

2 螺旋意面因为其螺旋形状而更容易裹上面酱，选择浓郁酱汁如奶油奶酪酱或肉酱来搭配，最合适不过了。

异域风情

西班牙蛋饼

烹饪时间：30分钟

难易程度：简单

主料

土豆150克···紫洋葱100克
培根2片···鸡蛋2个
马苏里拉奶酪40克

辅料

黄油15克···盐2克
黑胡椒碎2克

西班牙蛋饼的传统做法只有洋葱、土豆、鸡蛋几种基础食材，在这个基础上，我们可以用更丰富的食材，做出更美味的蛋饼！

烹饪秘籍

1 煎土豆的时候要小火慢煎，直至土豆两面都成为金黄色，这样做出来的蛋饼会非常漂亮。

2 最后一层土豆片也可以在倒入蛋液之后再铺，这样成品会有另一种特色。

3 如果用陶瓷焗碗来做，要提前铺一层锡纸，方便脱模。

做法

1 土豆洗净、去皮，切薄片，清洗几遍，洗去多余淀粉；紫洋葱洗净、切细丝；培根切小片；鸡蛋磕入碗中打散。

2 锅中放入黄油，烧热后放入土豆片，煎至两面金黄后盛出。

3 利用锅中底油，放入洋葱和培根煸炒熟，加入盐调味后炒匀。

4 不粘烤盘中依次铺一层土豆片、洋葱、培根，再铺一层土豆片。

5 倒入打散的蛋液，撒上一层马苏里拉奶酪，再撒上黑胡椒碎。

6 烤箱设置180℃，选择上下火，烘烤20分钟左右即可。

对于不太会做饭的厨房小白来说，一饼能够卷万物。今天我们就用手抓饼来做个懒人版馅饼，厨房小白也能轻松上手哦。

不用揉面做馅饼

咖喱鸡肉饼

烹饪时间：30分钟

难易程度：简单

主料

手抓饼2张…鸡胸肉200克

紫洋葱100克

辅料

油2茶匙…生抽2茶匙

料酒2茶匙…蚝油1茶匙

咖喱粉1茶匙

做法

1 紫洋葱洗净后切成小丁；鸡胸肉洗净后切成丁；手抓饼提前解冻。

2 将鸡肉丁放在大碗中，加入生抽、蚝油、料酒、咖喱粉拌匀，腌制15分钟。

3 炒锅中倒入油，烧至七成热后放入鸡肉丁煸炒至颜色发白。

4 放入紫洋葱丁继续煸炒至微微变软，盛出备用。

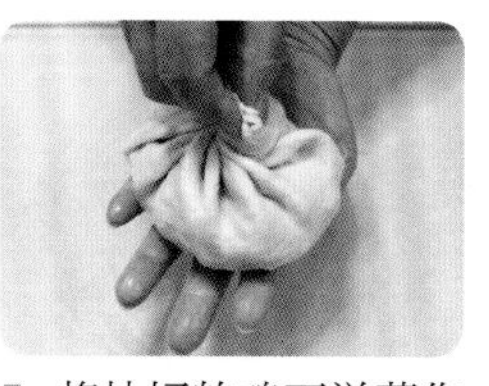

5 将炒好的鸡丁洋葱作为馅料放在手抓饼上，包好收口。

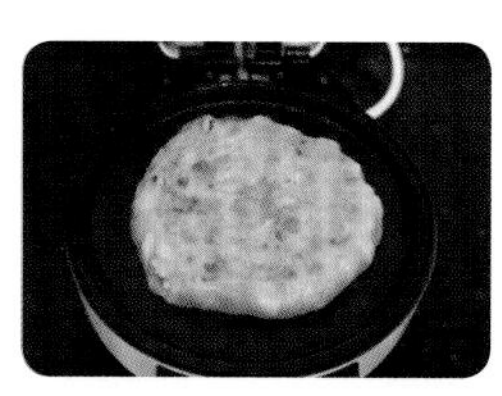

6 电饼铛刷一层油，预热后放入饼坯，煎至两面均为金黄色即可出锅。

烹饪秘籍

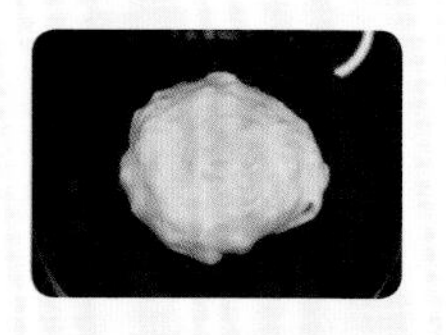

1 手抓饼的含油量比较高，因此收口一定要捏紧，防止煎的时候收口散开而使馅料掉出来。

2 煎鸡肉饼时，先将收口朝下煎至定形，再翻面煎另一面，能够保证肉饼的馅料不掉出来。

好像小鸟窝

土豆丝肉饼

烹饪时间：30分钟

难易程度：简单

第一次看到这款小肉饼的时候，突然想起了小鸟窝。土豆丝将肉饼围绕在中间，土豆丝被煎得金灿灿的，肉饼香喷喷的，荤素搭配好美味。

主料

猪里脊肉150克…鸡蛋1个
鹌鹑蛋10颗…土豆200克

辅料

油1汤匙…盐2克…生抽2茶匙
料酒2茶匙…黑胡椒粉2克
香油2茶匙…玉米淀粉20克
香葱1棵…熟白芝麻5克

做法

1 猪里脊肉洗净后控干水，剁成肉末；莲藕洗净后去皮，切碎；土豆洗净后去皮，用擦丝器擦成丝，在清水中冲洗几遍，洗去淀粉；香葱洗净后控干水，切成葱花。

2 将猪肉末装在大碗中，加入盐、生抽、料酒、黑胡椒粉、香油、葱花，磕入1个鸡蛋，沿着一个方向搅打上劲。

3 土豆丝中加入玉米淀粉，搅拌均匀。

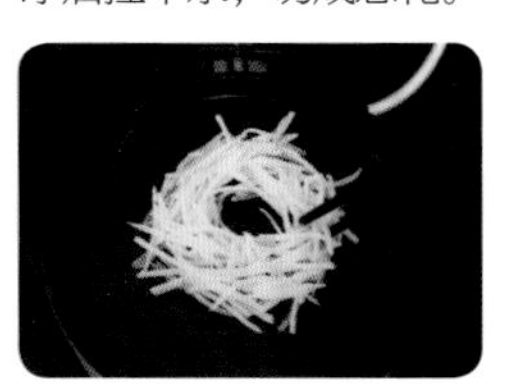

4 电饼铛底部刷一层油，小火预热后，舀一勺土豆丝放入，摆放成鸟巢状，中间留空。

5 在土豆丝中间舀入适量的肉馅，磕入一个鹌鹑蛋，撒上适量白芝麻。照此做完所有材料。

6 盖上盖子，小火煎至土豆丝和鹌鹑蛋都熟透即可关火。

烹饪秘籍

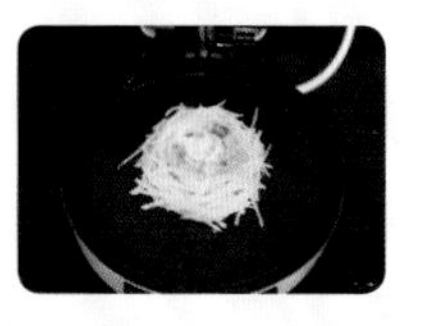

1 煎的时候要尽量小火慢煎，盖上盖子，充分利用锅中的温度将土豆丝、肉馅和鹌鹑蛋焖熟。

2 土豆丝比较吸油，可以适量多加一点油，这样成品会更加香气诱人。

解锁手抓饼的新吃法

手抓饼培根卷

烹饪时间：30分钟

难易程度：简单

主料

手抓饼2张…培根4片
芦笋200克

辅料

肉松50克

做法

1 将芦笋根削皮、洗净，切顶部约5厘米留下备用；手抓饼提前解冻。

2 锅中加入清水，煮至沸腾后放入芦笋，焯熟后捞出，过凉开水，控干。

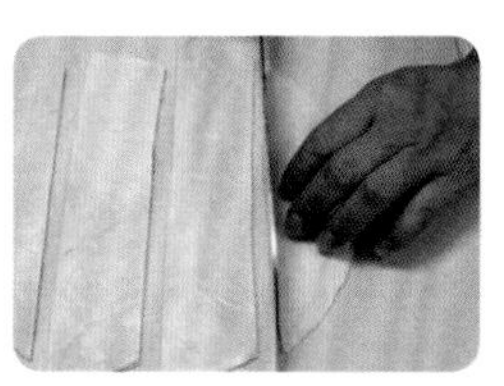

3 将每张手抓饼切成四条。

4 将培根铺在手抓饼片上，撒上一层肉松。

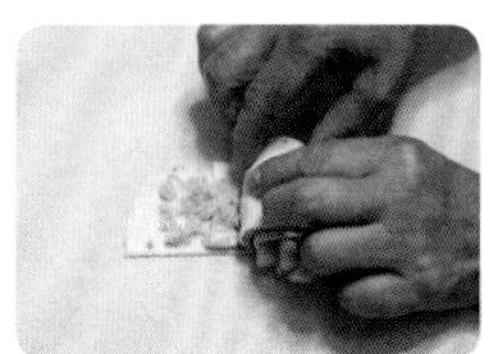

5 将芦笋放在一端，轻轻卷起来。

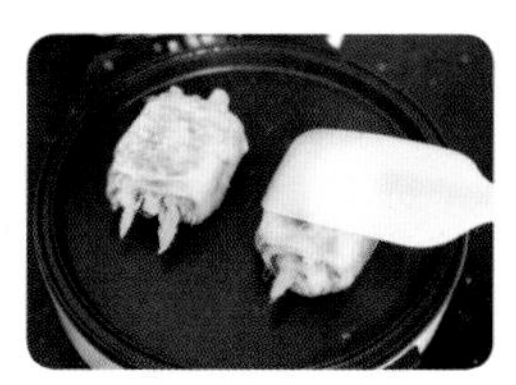

6 电饼铛预热后放入手抓饼培根卷，煎至金黄色即可出锅。

烹饪秘籍

1 手抓饼解冻时间不宜过久，微微变软即可，完全解冻会变得粘手，且由于面皮过软，操作会不方便。

2 卷起后的收口要捏紧，防止煎时散开，也可用牙签插住收口，待煎定形后再将牙签抽出。

3 煎制手抓饼的过程中，可以用锅铲轻轻拍打使其更加松散，做出的成品口感更好。

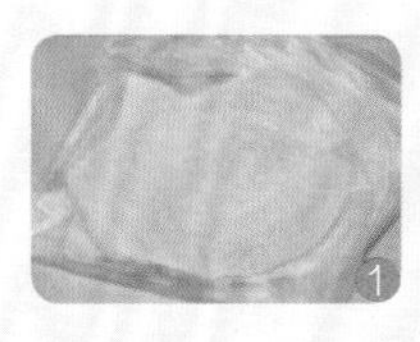

1

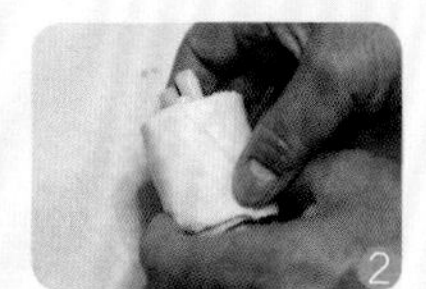

2

手抓饼和培根都有丰富的油脂，搭配低热量的芦笋，能够中和口味，既给嘴巴解馋，也不至于摄入过多热量。

鲜掉眉毛

韭菜三鲜馅饼

烹饪时间：40分钟（不含泡发时间）

难易程度：简单

主料

饺子皮20片…韭菜150克…鸡蛋3个
胡萝卜40克…鲜虾100克

辅料

油2茶匙…盐2克…蚝油2茶匙…生抽2茶匙
料酒2茶匙…淀粉5克…生姜10克…十三香1克
香油2茶匙…干木耳5克

做法

1 韭菜洗净控干水，切碎；鸡蛋磕入碗中打散；干木耳提前用温水泡发2小时左右；生姜洗净后切成姜丝；胡萝卜洗净、去皮后剁碎。

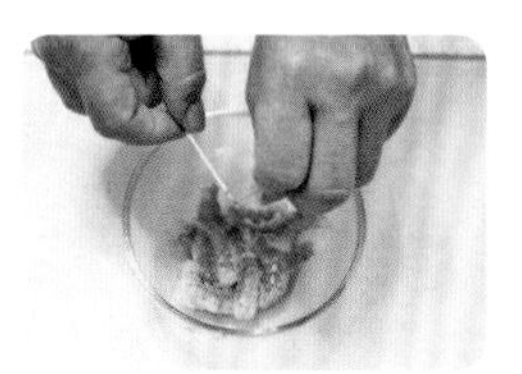

2 鲜虾洗净后去头、壳，在背部划开一刀，用牙签挑去虾线，洗净。

3 将虾仁切段，放在容器中，加入姜丝、料酒、淀粉，用手抓匀后腌制20分钟。

4 炒锅烧热后放入少许凉油，倒入鸡蛋液，炒熟打散后盛出备用。

5 锅内加适量水，煮至沸腾后将木耳放入，煮约2分钟，捞出后过凉开水并剁碎。

6 韭菜碎、胡萝卜碎、木耳碎和炒好的鸡蛋放入大碗中，加入虾仁、盐、蚝油、生抽、十三香、香油拌匀。

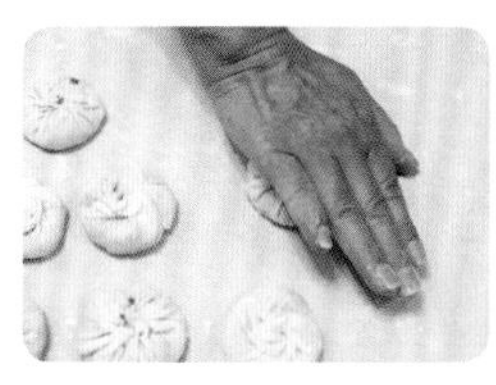

7 将饺子皮用擀面杖擀成薄薄的片，包入馅料，捏褶成为包子后轻轻压扁。

8 电饼铛底部刷一层油，小火预热后，放入馅饼煎至两面金黄即可。

1 购买稍微大一些的饺子皮，这样做出来的馅饼能够放入比较多的馅料，更好吃。

2 干木耳用温水泡发会快一些，夏季温度较高，干木耳泡发时间不宜超过4小时，以防止变质。

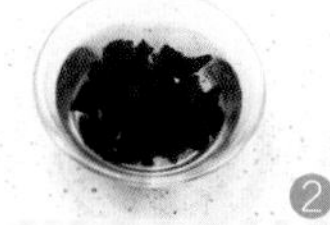

想吃皮薄馅大的馅饼？不妨试试用饺子皮做，薄薄的皮快要能看清楚其中的馅料，还没吃到，就开始流口水了。

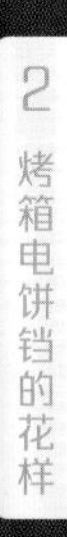

外酥内软，皮薄馅大

酱肉粉条馅饼

烹饪时间：30分钟

难易程度：简单

主料

手抓饼2张…猪里脊肉150克…红薯粉条50克

辅料

油1汤匙…盐2克…蚝油2茶匙…生抽2茶匙
老抽2茶匙…大葱10克…生姜5克

做法

1 猪里脊肉洗净后控干水，切成丁。

2 锅内加适量水，煮至沸腾后将红薯粉条放入，煮软熟透后捞出过凉开水，剁碎。

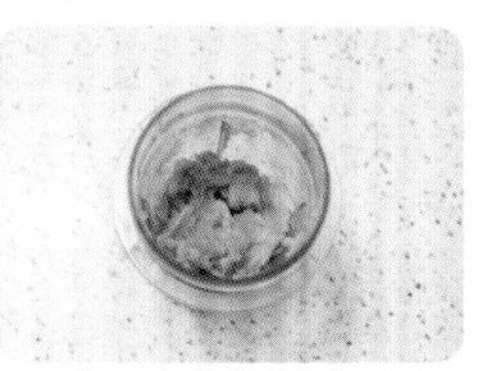

3 将猪里脊肉、大葱和生姜放入料理机，搅碎成肉馅备用。

4 炒锅中放油，烧至七成热后放入肉馅煸炒至颜色发白。

5 放入粉条碎翻炒片刻。

6 加入盐、蚝油、生抽、老抽炒匀。

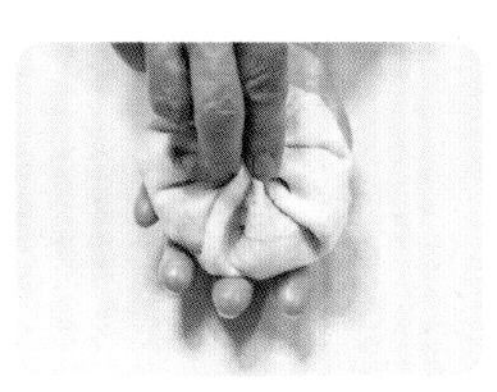

7 将手抓饼提前解冻，放入馅料，像包包子一样收口捏紧。

8 电饼铛底部刷一层油，小火预热后，放入馅饼煎至两面金黄即可。

烹饪秘籍

1 手抓饼比较好熟，馅料放得多，需要提前炒好，以免出现手抓饼已经熟透，而馅料还未熟的现象。

2 纯红薯粉条不易煮烂，煮后晶莹剔透，口感爽滑筋道。市售粉条的种类很多，购买的时候一定要注意选择正规厂家的产品，防止里面添加食用胶。

1

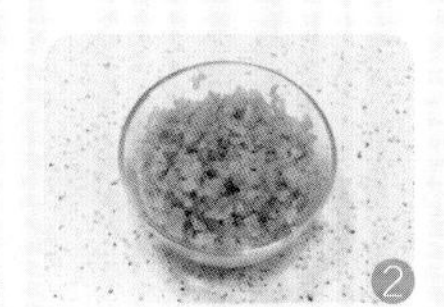

2

上班族的时间总是很宝贵，下厨的时间并不多。这款馅饼很适合忙碌的上班族，不用揉面也不用发面，依然松软可口。

层层叠叠好美味

饺子皮彩蔬肉饼

烹饪时间：30分钟

难易程度：简单

主料

饺子皮12片…猪里脊肉80克…胡萝卜50克
玉米粒30克…青豌豆50克

辅料

油2茶匙…盐2克…蚝油2茶匙…生抽2茶匙
料酒2茶匙…生姜10克…香葱1棵

做法

1 猪里脊肉洗净后控干水，切成丁；胡萝卜洗净后去皮，切成小丁；玉米粒和青豌豆洗净后捞出，控干水；生姜洗净后切成姜丝；香葱洗净后切成葱花。

2 锅中加入清水，煮至沸腾后将玉米粒和青豌豆放入，焯熟后过凉开水，捞出控干水。

3 将玉米粒和青豌豆剁碎备用。

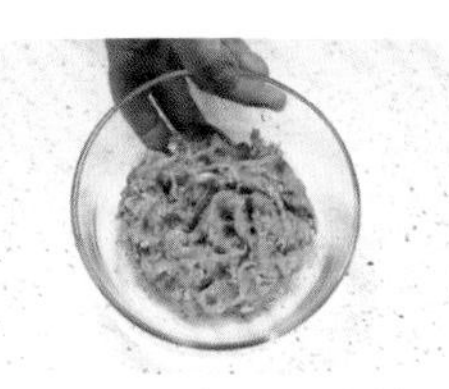

4 将猪里脊肉、生姜、胡萝卜丁放入料理机，打成肉糜后放在大碗中。

5 加入盐、蚝油、生抽、料酒、香葱、玉米粒、青豌豆，搅拌均匀。

6 将饺子皮擀薄，铺上一层馅料后，在四周刷薄薄一层清水，盖上一片饺子皮，将四周压紧。

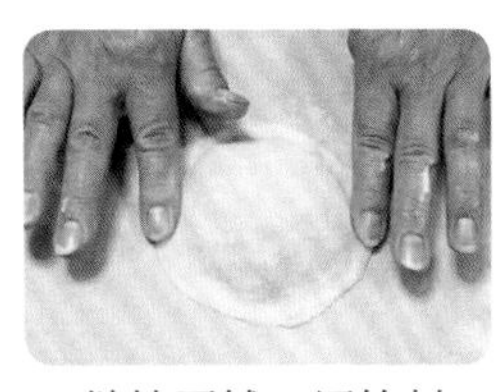

7 继续再铺一层馅料，盖上一层饺子皮，将四周压紧。

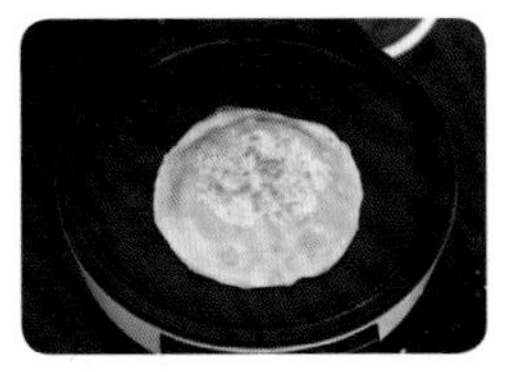

8 电饼铛底部刷一层油，小火预热后，放入饼坯煎至两面金黄即可。

1 饺子皮稍微擀薄一点，馅料放在中间，四周收口的时候能够更方便捏紧。

2 馅料不宜放过多，煎的时候选择小火，并适当延长时间，以保证馅料熟透。

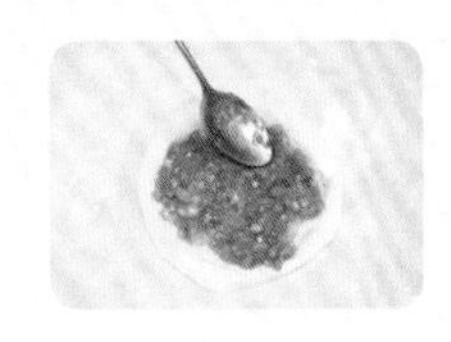

一层饺子皮，一层彩色蔬菜，层层叠叠很是诱人。没有繁琐的步骤，厨房新手也能够做好这个值得发朋友圈的晚餐。

说起北方人餐桌上常见的主食，馅饼当属其一。这款馅饼用手抓饼来做，让很多新手小白也有了信心。一次就能成功的馅饼，一起来试试吧！

素食也美味

圆白菜鸡蛋馅饼

烹饪时间：30分钟

难易程度：简单

主料

手抓饼2张…圆白菜150克
胡萝卜50克…鸡蛋2个
干虾皮20克

辅料

油1汤匙…盐2克
蚝油2茶匙…生抽2茶匙
五香粉1茶匙

做法

1 圆白菜洗净后控干水，切成丝；胡萝卜洗净、去皮，用擦丝器擦成丝；鸡蛋磕入碗中，充分打散。

2 炒锅烧热后放入少许凉油，倒入鸡蛋液，炒熟打散后盛出备用。

3 倒入剩余的油，烧至七成热后放入圆白菜丝和胡萝卜丝煸炒至熟。

4 将圆白菜丝、胡萝卜丝、干虾皮、鸡蛋放在大碗中，加入盐、蚝油、生抽、五香粉调匀。

5 将手抓饼提前解冻，放入馅料，像包包子一样收口捏紧。

6 电饼铛底部刷一层油，小火预热后，放入馅饼煎至两面金黄即可。

烹饪秘籍

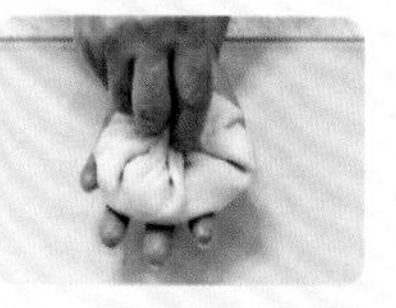

1 手抓饼中的含油量比较高，包馅饼时，收口一定要捏紧，防止散开。

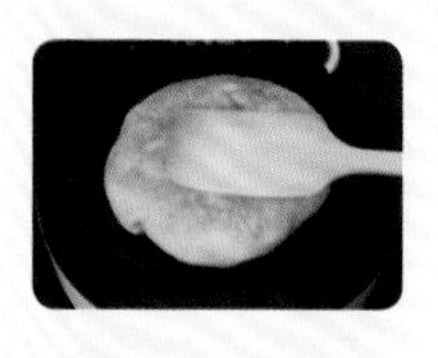

2 在烙馅饼的时候，可以用锅铲轻轻将手抓饼拍打几下，这样能够使烙好的馅饼更加蓬松。

外酥内软又拉丝

快手吐司比萨

喜欢吃比萨又不想自己动手做的小伙伴有福了，用吐司也可以做出不输比萨店的比萨哦，没错，就是这么简单，快点行动起来吧。

烹饪时间：30分钟

难易程度：简单

主料

吐司4片…青甜椒30克

红甜椒30克…火腿肠2根

圣女果10颗…水果玉米粒30克

马苏里拉奶酪60克

辅料

番茄酱20克

烹饪秘籍

1 如果没有烤箱，也可以用微波炉来制作。提前将所有食材都炒至断生，然后铺在吐司片上，最后盖上马苏里拉奶酪，在微波炉中大火转1分钟左右至马苏里拉奶酪融化即可。

2 可以根据自己的喜好，将番茄酱换成其他口味的比萨酱；其他的食材也可以根据自己的喜好调整，如果有不易熟透的食材，需要提前处理断生。

做法

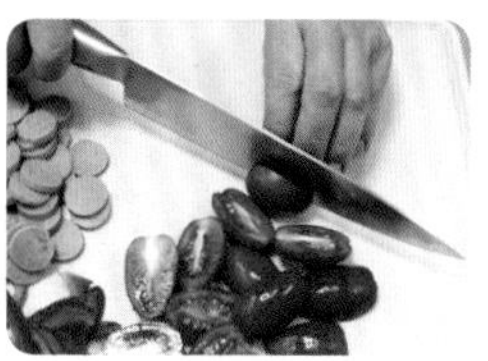

1 青甜椒和红甜椒洗净后，去掉内部的子，切成细丝；火腿肠切成薄片；圣女果洗净后切成两半。

2 锅中加入清水，煮至沸腾后将水果玉米粒放入，煮熟后捞出，控干水。

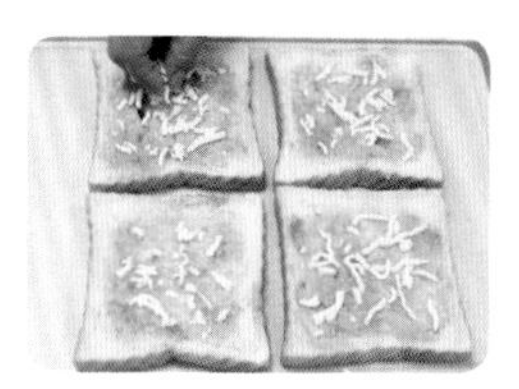

3 吐司表面涂一层番茄酱，撒上少许马苏里拉奶酪。

4 依次铺上青甜椒、红甜椒、火腿肠、水果玉米粒和圣女果。

5 最后铺上厚厚的一层马苏里拉奶酪。

6 烤箱设置180℃，选择上下火，烘烤15分钟左右即可。

吐司大变身

什锦奶酪吐司塔

烹饪时间：25分钟

难易程度：简单

主料

吐司6片…鲜虾150克…鸡蛋1个…黄瓜40克
胡萝卜40克…圣女果12颗…马苏里拉奶酪60克

辅料

盐1克…花生酱30克…胡椒粉2克
淀粉5克…料酒2茶匙

做法

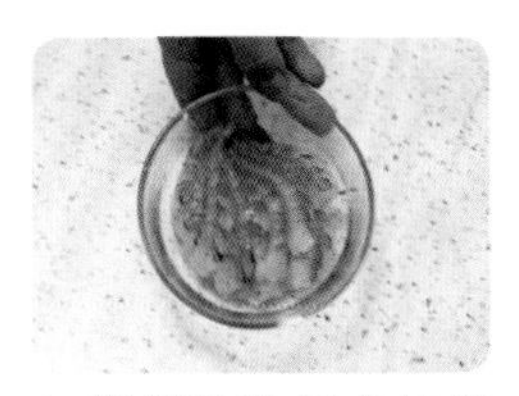

1 鲜虾洗净后去掉虾头，在背部划一刀，用牙签挑出虾线后去壳，剥出完整的虾仁。

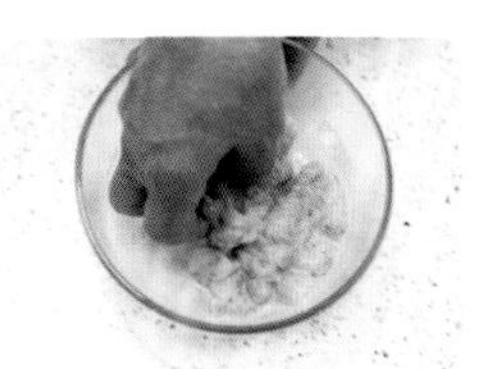

2 将虾仁切成小丁，放入大碗中，加入淀粉、胡椒粉和料酒抓匀，腌制20分钟左右。

3 胡萝卜和黄瓜洗净去皮后切2厘米左右的丁；圣女果洗净后切成两半。

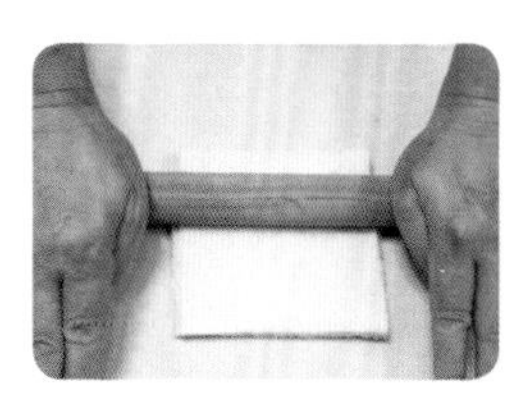

4 将吐司片四条边切掉，用擀面杖擀薄。

5 准备好不粘玛芬模具，将吐司片涂上一层花生酱后，压入模具。

6 将鸡蛋磕入碗中打散，加入盐、胡萝卜丁、黄瓜丁、虾仁搅拌均匀。

7 将蛋液倒入吐司塔中，表面铺上圣女果。

8 撒上一层马苏里拉奶酪碎，烤箱设置190℃，选择上下火，烘烤5分钟后调成170℃，烘烤5分钟左右即可。

烹饪秘籍

1 玛芬模具要选择比吐司片小的，这样可以使吐司片的四周高于玛芬模具，形成好看的四个角。

2 如果没有不粘玛芬模具，要记得在模具内壁涂一层黄油，以免粘底。

3 每台烤箱的温度和时间都各有不同，要根据自己的烤箱来适当调整时间和温度。

平时常见的吐司，其实也有很多种吃法，借助烤盘为吐司做个不一样的造型，加上满满的各色食材，早餐就应该如此丰富。

金灿灿的玉米烙很适合做早餐，这是吃一次就会爱上的味道。浓郁的椰香和玉米香在口中散发开来，为新的一天注入了活力。

香气四溢

奶酪玉米烙

烹饪时间：30分钟

难易程度：简单

主料

玉米粒200克…鸡蛋1个
玉米淀粉20克…糯米粉20克

辅料

黄油20克…椰蓉20克
青豌豆30克…红肠20克

做法

1 玉米粒洗净后捞出，控干水；青豌豆洗净，控干水；红肠切成小丁；一半黄油隔水融化。

2 锅中加入清水，煮至沸腾后将玉米粒和青豌豆放入，焯熟后过凉开水，捞出控干水。

3 将玉米粒、青豌豆、红肠丁放入大碗中，磕入鸡蛋搅拌均匀。

4 加入玉米淀粉、糯米粉和椰蓉，搅拌均匀。

5 电饼铛预热后放入一半黄油融化，放入玉米面糊轻轻摊平，小火慢煎5分钟左右至基本定形。

6 将提前隔水融化的黄油淋在玉米烙表面，继续小火慢煎8分钟左右至熟透即可。

烹饪秘籍

1 可以选择水果玉米来制作，这样做出来的玉米烙带有天然的甜味，加上浓郁的黄油香味和椰香味，十分好吃。

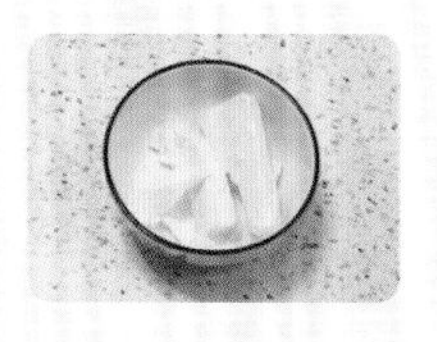

2 黄油放的量比较多，可以在玉米烙煎好装盘之前，在盘子底部铺上一张吸油纸，吸收多余的油脂，更健康。

剩馒头也有春天

中式快手汉堡

一说起汉堡，好像第一反应就是要去西式快餐店吃。今天，我们就用吃不完的馒头做一个中式汉堡，一起来看看剩馒头是如何华丽变身的吧。

烹饪时间：20分钟

难易程度：简单

主料

圆馒头2个…番茄1个
午餐肉150克…鸡蛋2个
生菜叶2片

辅料

油1汤匙…盐1克
辣椒酱20克

烹饪秘籍

1 午餐肉可用鸡肉饼或培根代替，味道也不错哦。

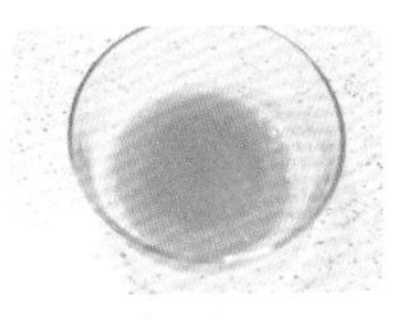

2 如果蛋液有剩余，可以做成煎蛋，夹在汉堡中，也很好吃呢。

3 除了刷辣椒酱，甜面酱也是个非常不错的选择。

做法

1 馒头切成约1厘米厚的片；午餐肉切成约0.5厘米厚的片；番茄洗净后切成薄片；生菜叶洗净后控干水。

2 鸡蛋磕入大碗中，加入盐，充分打散。

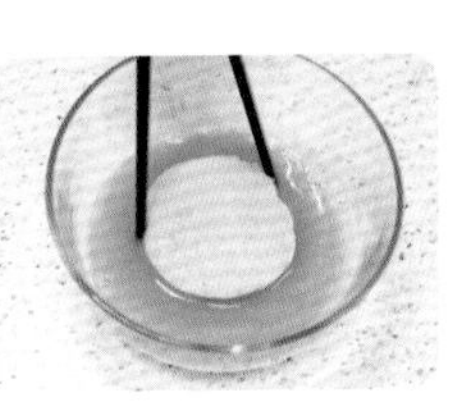

3 将馒头片放入蛋液中，使两面均沾满蛋液。

4 电饼铛中倒入油，小火预热后，将馒头片放入，两面煎至金黄色。

5 利用电饼铛中的底油，放入午餐肉，煎至上色后，在两面刷一层辣椒酱。

6 按照馒头片、午餐肉、生菜、番茄、馒头片的顺序做成汉堡，用牙签固定即可。

解馋又饱腹

馒头丁土豆角

烹饪时间：30分钟

难易程度：简单

主料

馒头1个…土豆1个…红甜椒100克…紫洋葱100克

辅料

黄油20克…盐2克…黑胡椒碎2克…辣椒粉2克

做法

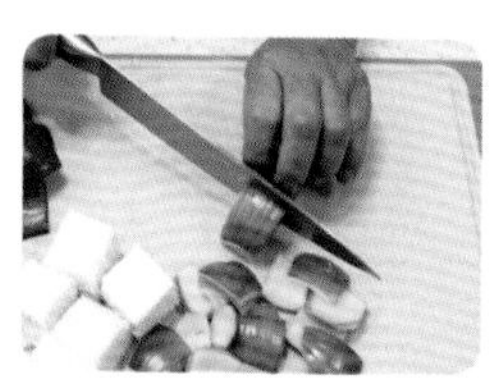

1 馒头切成3厘米左右的丁；土豆洗净后去皮，切成2厘米左右的滚刀块，在清水中反复清洗几遍去除淀粉；红甜椒洗净后，去掉内部的子，切成3厘米见方的块；紫洋葱洗净后，切成3厘米见方的块。

2 黄油隔水融化备用。

3 将土豆、红甜椒、馒头丁、洋葱丁放入大碗中，倒入融化的黄油。

4 加入盐、黑胡椒碎、辣椒粉拌匀。

5 烤盘中铺上一层锡纸，将所有的食材平铺在烤盘中。

6 烤箱设置180℃，选择上下火，将烤盘放在烤箱中层，烘烤约20分钟即可。

烹饪秘籍

1 烤盘中铺上锡纸，能够防止烤好的蔬菜或者馒头丁粘在烤盘上；蔬菜尽量不要切得太小，否则容易煳。

2 除了放辣椒粉，还可以在食材表面撒一些孜然粒，烤出来的味道也不错。

3 烤好之后再撒点黑胡椒粒，味道会更棒哦。

馒头来个大变身！这款馒头丁土豆角经过烤箱的烘烤，增加了酥酥脆脆的口感，还有些烧烤的味道呢。

美丽的螺旋

紫薯蔬菜鸡蛋卷

烹饪时间：30分钟

难易程度：简单

主料

紫薯80克…鸡蛋3个…牛奶150毫升…面粉70克
圆白菜100克…胡萝卜40克…培根2片

辅料

油2茶匙…盐1克

做法

1 紫薯洗净去皮，切成薄片；圆白菜洗净后控干水分，切碎；胡萝卜洗净，去皮后切成末。

2 蒸锅中加入适量清水，将紫薯放入蒸熟。

3 蒸熟后的紫薯加入少许牛奶，用勺子压成泥。

4 炒锅中放入油，烧至七成热后放入圆白菜丝、胡萝卜末煸炒至变软，加入盐调味，盛出备用。

5 电饼铛提前预热，小火将培根煎熟，放凉后切成1厘米见方的培根片。

6 鸡蛋磕入碗中，充分打散，加入牛奶和面粉搅拌均匀。

7 利用培根煎出的油，将面糊倒入，摊成圆圆的薄饼。

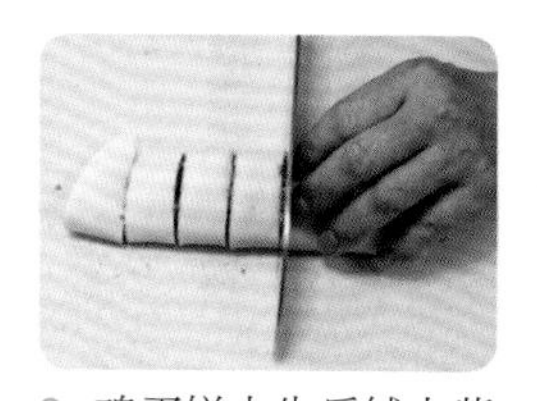

8 鸡蛋饼上先后铺上紫薯泥、蔬菜、培根，卷起来切开即可。

1 煎蛋饼时，可以将电饼铛的盖子扣上，利用里面的温度将蛋饼焖熟，这样不必翻面，正面的颜色会非常漂亮。

2 面粉和鸡蛋混合均匀后可以过筛，这样面糊更加细腻，做出来的蛋饼不会有气泡，更平整。

3 可以借助寿司帘将蛋卷卷起来，要记得提前铺上一层保鲜膜，这样不会使寿司帘沾上油哦。

1

2

3

金黄色的鸡蛋皮卷着紫薯，一圈一圈，看着就足够诱人了。为了让营养更加丰富，再加点蔬菜和肉松，哇，不仅颜值高，味道也很棒！

野餐的好选择

奶酪饭团

烹饪时间：25分钟

难易程度：简单

主料

鳕鱼肉100克…奶酪片6片…猪肉松30克
鸡蛋1个…米饭250克

辅料

黄油10克…盐2克…黑胡椒碎2克…海苔2克

做法

1 鳕鱼肉切成小丁；海苔撕碎备用；鸡蛋磕入碗中，充分打散；黄油隔水融化备用。

2 锅中加入清水，煮至沸腾后将鳕鱼放入，煮熟后捞出，控干水。

3 将鳕鱼肉、猪肉松和一半海苔碎放入米饭中，加入黑胡椒碎、盐。

4 放入蛋液和黄油，用手抓匀。

5 将米饭整理成长条形的饭团。

6 将奶酪片切成同等大小，铺在饭团表面。

7 将饭团放在烤盘中，将另一半海苔碎撒在奶酪片表面。

8 烤箱设置180℃，选择上下火，将饭团放在中层，烘烤15分钟左右至奶酪融化即可。

烹饪秘籍

1 焯烫鳕鱼肉时，可以在水中加入少许盐入下底味，这样做出来的饭团滋味更足。

2 可以根据自己的喜好选择其他鱼类，比如三文鱼、沙丁鱼罐头等，都是不错的选择。

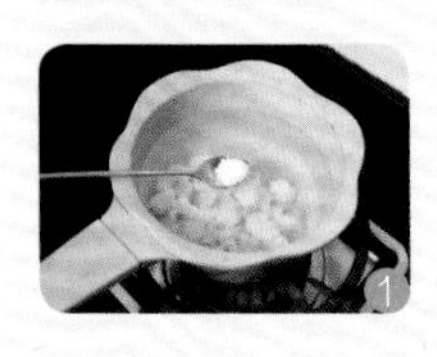

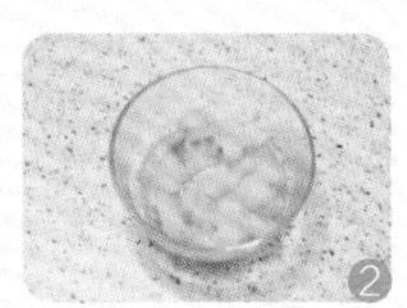

小巧可爱的饭团披着奶酪做成的漂亮外衣，轻咬一口，鲜美的滋味溢满嘴巴。直接一口一个，好不好？

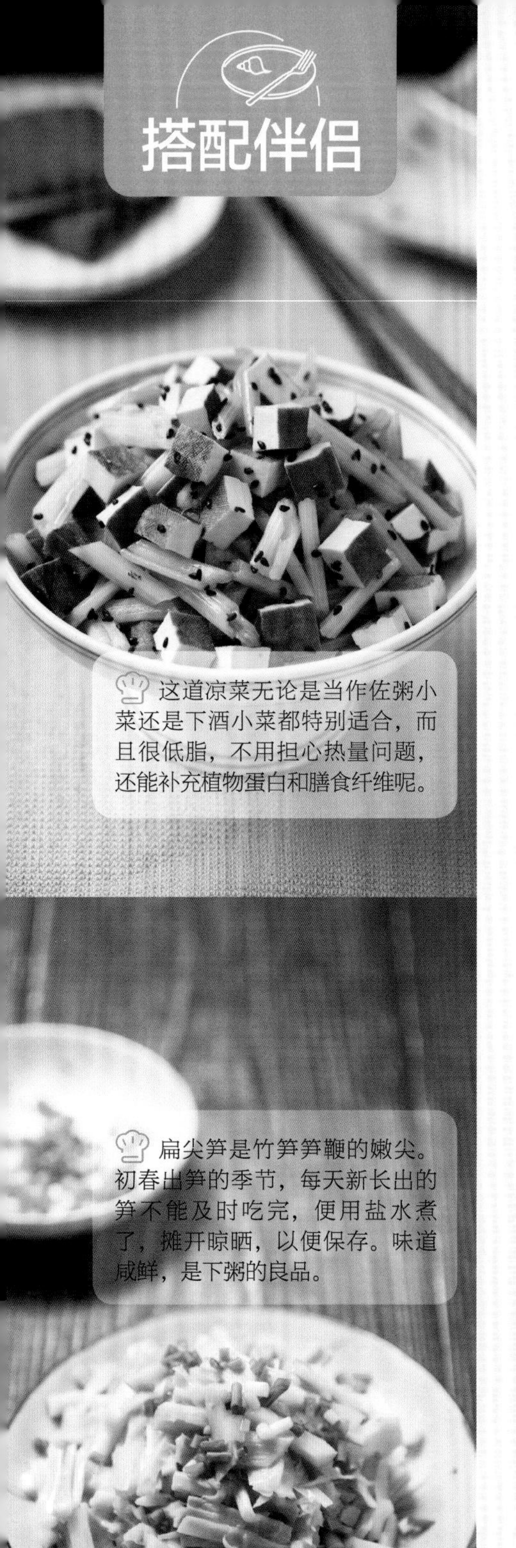

低脂健康

豆干芹菜

烹饪时间：10分钟　　难易程度：简单

主料

芹菜200克…豆干100克

辅料

盐1/2茶匙…辣椒油1茶匙…熟黑芝麻3克

做法

1 芹菜洗干净后择去叶子，斜切成2厘米左右的段；豆干切成1厘米左右的丁。
2 锅中加入适量清水煮开，放入芹菜段和豆干丁，焯烫1分钟左右，至芹菜变色熟透后捞出。
3 将焯好的芹菜和豆干丁在凉开水中过凉，捞出，控干水。
4 将芹菜和豆干丁放在容器中，加入辣椒油、盐、熟黑芝麻拌匀即可。

烹饪秘籍

豆干是熟制品，可以直接食用，焯烫一下是为了让豆干更加卫生。

青葱知春意

葱油笋尖

烹饪时间：20分钟　　难易程度：简单

主料

扁尖笋2根

辅料

油1汤匙…细香葱两三根

做法

1 扁尖笋撕成细丝，用温开水泡发。
2 将扁尖笋泡至咸淡适口，挤干水分，切长段。
3 细香葱切成葱花，放在笋丝上。
4 烧热1汤匙油，淋在葱花上即成。

烹饪秘籍

1 扁尖笋是盐腌的竹笋嫩尖，味道咸鲜，是下粥的良品。为了长期保存，咸味略大，需泡淡后食用。
2 如嫌炸葱油麻烦，可直接淋香油或辣椒油。

3 电饭锅的盛宴

很小的时候，家里有一台吱吱冒气的压力锅，每次看妈妈用它做饭，都有些许害怕，还有些许期待。现在拥有了自己的电饭锅，可以放心地把食材交给它，只需要耐心等待，就可以收获美味。打开锅盖的一瞬间，仿佛又回到了小时候。

懒人的福音

腊肉香菇藜麦饭

烹饪时间：40分钟

难易程度：简单

主料

腊肉100克…鲜香菇4朵…青豌豆30克
胡萝卜30克…白藜麦50克…大米200克

辅料

油2茶匙…盐1茶匙…生抽2茶匙…香葱1棵

做法

1 鲜香菇洗净、去蒂，切成丁；青豌豆洗净后捞出，控干水；胡萝卜洗净、去皮，切成丁；香葱洗净后切成葱花。

2 锅中加入清水煮开，放入腊肉煮约20分钟至熟透，捞出放凉后切成丁。

3 炒锅中放油，烧至七成热后放入腊肉，小火煎出油脂。

4 放入胡萝卜、鲜香菇、青豌豆翻炒均匀。

5 加入盐、生抽调味，加入适量清水煮开。

6 将淘洗好的大米、白藜麦放入电饭煲中。

7 将炒好的食材连同汤汁倒入电饭煲中，选择煮饭功能。

8 煮好的焖饭盛出后撒上葱花即可。

烹饪秘籍

1 藜麦表面有一层水溶性的皂苷，吃起来会有点发苦，如果购买的不是已经去皂苷的藜麦，需要提前浸泡一段时间来保证藜麦食用的安全性。

2 根据种子不同的颜色，藜麦有白藜麦和三色藜麦之分，可以根据自己的喜好选择。

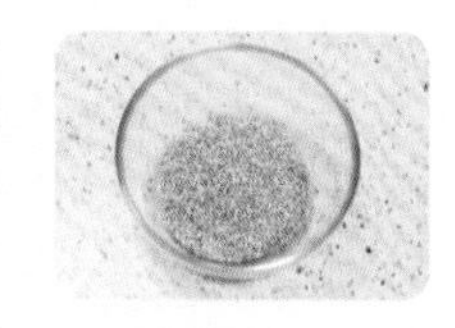

焖饭对于懒人来说，真是莫大的福音，既有饭又有菜，花很短的时间，就能收获营养美味的一餐。

好看的小颗粒

暖胃羊肉三色藜麦饭

烹饪时间：50分钟

难易程度：中等

主料

羊肉100克…胡萝卜100克
三色藜麦80克…大米150克

辅料

油2茶匙…盐1茶匙…生抽2茶匙…料酒2茶匙
蚝油2茶匙…香葱1棵…生姜20克…大蒜20克
冰糖10克…八角1个…茴香2克

做法

1 羊肉洗净，控干水后切成1厘米见方的块；胡萝卜清洗干净后去皮，切成2厘米大小的滚刀块。

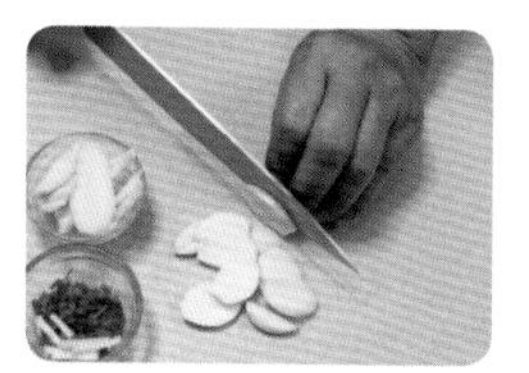

2 香葱洗净，将葱白切成段，葱叶切成葱花；生姜洗净、去皮后切成薄片；大蒜去皮，切成片。

3 锅中放入羊肉块，加入没过肉块的凉水，煮开后撇去表面浮沫，将羊肉块捞出，再次清洗干净。

4 炒锅中放油，烧至七成热，放入葱白段、姜片、蒜片爆炒出香味。

5 放入羊肉块和胡萝卜块继续爆炒，调入盐、生抽、料酒、蚝油、八角、茴香、冰糖，加入适量清水，炒匀后盛出备用。

6 将淘洗好的大米、三色藜麦放入电饭煲中。

7 将炒好的食材连同汤汁倒入电饭煲中，选择煮饭功能。

8 煮好的焖饭盛出后撒上葱花即可。

1 想要羊肉更入味，可以提前多腌制一段时间。

2 不喜欢羊肉的膻味，可以提前将羊肉放入水中浸泡一段时间来去除膻味，也可以在焯羊肉的时候放入适量米醋。

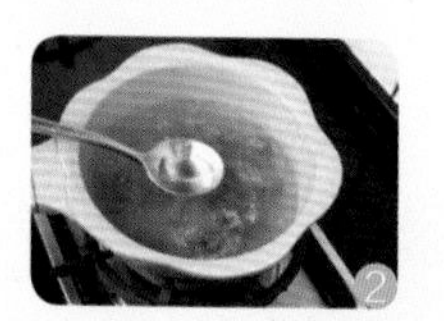

藜麦是全球公认的健康食物，有着悠久的种植历史。三色藜麦颜值更高，颗颗粒粒的小点点分布在米饭中，让本来就温暖的羊肉看上去更加诱人了。

解馋肉肉香

排骨土豆腊肠焖饭

烹饪时间：40分钟

难易程度：简单

主料

猪肋排150克…土豆150克
广式腊肠100克…大米200克

辅料

油1汤匙…盐1茶匙…老抽2茶匙…料酒2茶匙
生抽2茶匙…八角2个…冰糖5克…生姜10克
大葱1段…香葱1棵

做法

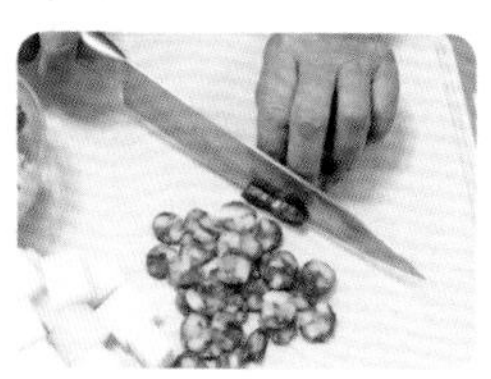

1 猪肋排洗净，控干水分后，剁成约5厘米长的段；广式腊肠洗净表面，控干水分后切成片；土豆洗净，去皮后切成小块；大葱段洗净备用；生姜洗净后切成姜片；香葱洗净后切成葱花。

2 准备一锅凉水，放入猪肋排、大葱段、八角、生姜片，大火煮开后撇去表面的浮沫，捞出猪肋排，再次洗净。

3 炒锅中放油，烧至七成热后放入腊肠，煸炒至出油并且变得弯曲。

4 放入一半葱花煸炒至出香味后，放入猪肋排和土豆块煸炒片刻。

5 放入盐、老抽、料酒、生抽、冰糖和适量清水，炖煮两三分钟。

6 将淘洗好的大米放入电饭煲中。将猪肋排等食材连同汤汁倒入电饭煲中，选择煮饭功能。

7 煮好的焖饭盛出后撒上剩余葱花即可。

烹饪秘籍

1 老抽上色效果比较明显，能够让焖饭的颜色更深，可以根据自己的喜好调整老抽的用量。

2 炖煮猪肋排的汤汁可以适当多放一些，但不要一次全部倒入电饭煲，要根据大米的量进行调整。

想吃肉肉的时候，焖饭也是个不错的选择。香浓的肉味将米粒包裹，打开锅盖的瞬间，就被这肉香深深吸引了。

一个电饭煲就能轻松搞定的网红美食，据说曾经吸引了一大波人跟做，那我们也来尝尝，体验一下这款网红焖饭的魅力吧。

网红番茄焖饭

烹饪时间：40分钟

难易程度：简单

主料

番茄1个…鲜香菇4朵
青豌豆40克…玉米粒40克
胡萝卜40克…大米200克

辅料

油1汤匙…盐1茶匙
生抽2茶匙…豆瓣酱2茶匙
香葱1棵

做法

1 番茄洗净，在顶部用刀划十字；鲜香菇洗净后去蒂，切成丁；青豌豆和玉米粒在清水中洗净后控干水；胡萝卜洗净、去皮，切成丁；香葱洗净，切成葱花。

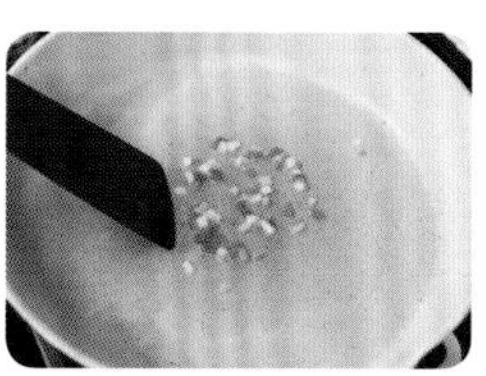

2 炒锅中放油，烧至七成热后放入一半葱花煸炒至出香味。

3 放入鲜香菇丁、胡萝卜丁煸炒片刻，加入盐、生抽、豆瓣酱和适量清水炒匀。

4 将淘洗好的大米、青豌豆、玉米粒放入电饭煲中。

5 将刚才炒好的汤汁倒入电饭煲中，中间放入番茄，选择煮饭功能。

6 煮好后将番茄表面的皮剥掉，用饭勺将焖饭与食材混合均匀，盛出后撒上剩余葱花即可。

烹饪秘籍

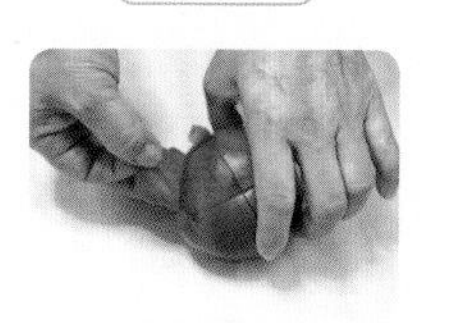

1 番茄也可以提前去皮，将番茄顶部划十字后放在大碗中，倒入开水浸泡片刻，从开口处轻轻将番茄皮撕掉即可。

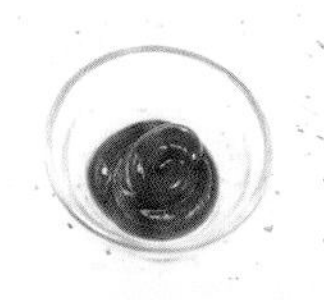

2 焖饭做好之后，可以加入适量番茄酱拌匀，这样番茄的味道更浓郁，焖饭也更好吃。

有点像吃粽子

五彩糯米饭

软糯的米饭被各色食材包裹住，黏黏的，软软的，糯糯的。吃糯米饭的时候，有一瞬间，感觉自己在吃粽子呢，但这可比粽子好吃多啦。

烹饪时间：40分钟

难易程度：简单

主料

广式腊肠80克…鲜香菇3朵
青豌豆50克…玉米粒50克
胡萝卜60克…糯米200克

辅料

油2茶匙…盐1茶匙
生抽2茶匙…香葱1棵

做法

1 广式腊肠洗净，用厨房纸擦干，切成小丁；鲜香菇洗净、去蒂，切成小丁；玉米粒和青豌豆洗净后控干水；胡萝卜洗净后去皮，切成丁；香葱洗净后切成葱花。

2 炒锅中放油，烧至七成热，放入腊肠、香菇丁、胡萝卜丁、玉米粒、青豌豆煸炒至半熟。

3 加入盐、生抽调味，倒入适量清水煮开。

4 将淘洗好的糯米放入电饭煲中。

5 将炒好的食材连同汤汁倒入电饭煲中，选择煮饭功能。

6 煮好的焖饭盛出后撒上葱花即可。

烹饪秘籍

1 糯米营养丰富，是温补强壮食品，能够健脾养胃、止虚汗，对中气虚、脾胃弱者有比较好的滋补作用。

2 糯米口感比较黏软，如果不喜欢这种口感，可以加入适量的大米替换。

香香又甜甜

板栗鸡块糙米饭

烹饪时间：50分钟

难易程度：中等

主料

鸡胸肉100克…板栗10颗…鲜香菇2朵
胡萝卜40克…糙米100克…大米100克

辅料

油1汤匙…盐1茶匙…生抽2茶匙…老抽2茶匙
料酒2茶匙…黑胡椒粉1茶匙…姜丝5克…香葱1棵

做法

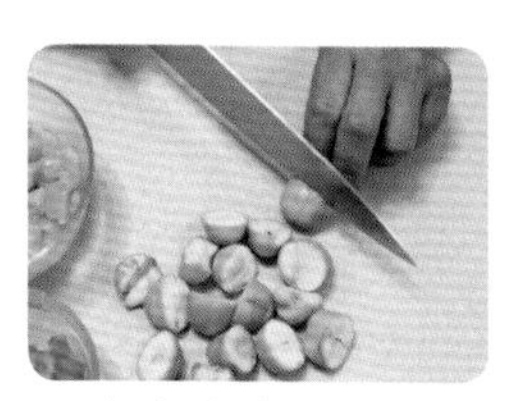

1 鸡胸肉洗净后切成丁；板栗去皮后清洗干净，切成两半；鲜香菇洗净后去蒂，切成丁；胡萝卜洗净去皮，切成丁；香葱洗净后切成葱花。

2 将鸡肉丁放入碗中，加入料酒、黑胡椒粉、姜丝抓匀，腌制约20分钟。

3 炒锅中放油，烧至七成热后放入一半葱花煸炒至出香味。

4 放入鸡肉丁、香菇丁、胡萝卜丁、板栗块，煸炒片刻。

5 放入盐、生抽、老抽和适量清水，炖煮2分钟。

6 将淘洗好的大米、糙米放入电饭煲中。

7 将炒好的汤汁倒入电饭煲中，选择煮饭功能。

8 煮好的焖饭盛出后撒上剩余葱花即可。

1 板栗剥皮比较费时，可以提前将板栗蒸熟或者煮熟，这样剥皮的时候就比较容易了。

2 煮板栗的时候，先将板栗头灰色的盖子用刀切掉，将水大火烧开后关火闷5分钟，趁热剥皮会比较容易。

没想到，板栗和鸡块竟然如此搭配，板栗软糯香甜，鸡块美味营养，糙米带来粗粮的香气，一碗健康美味的米饭，赢得了很多人的喜爱。

酱香鸡翅杂粮饭

烹饪时间：50分钟

难易程度：中等

主料

鸡翅中250克…鲜香菇2朵…胡萝卜40克
薏米50克…糙米50克…大米100克

辅料

油1汤匙…盐1茶匙…生抽2茶匙…老抽2茶匙
料酒2茶匙…黑胡椒粉1茶匙…姜丝5克…香葱1棵

做法

1 鸡翅洗净后控干水，在正反各划三刀；鲜香菇洗净后去蒂，切成丁；胡萝卜洗净、去皮，切成丁；香葱洗净后切成葱花。

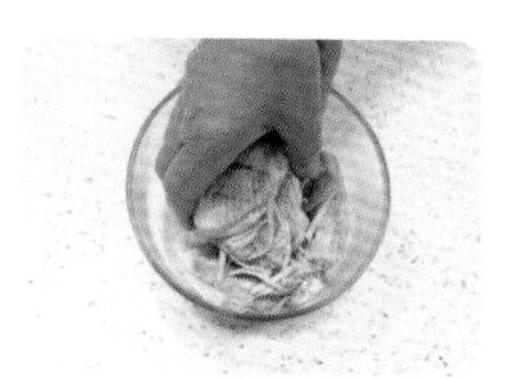

2 将鸡翅放入碗中，加入料酒、黑胡椒粉、姜丝抓匀，腌制约20分钟。

3 炒锅中放油，烧至七成热后放入一半葱花煸炒至出香味。

4 放入鸡翅、香菇丁、胡萝卜丁，煸炒片刻。

5 放入盐、生抽、老抽和适量清水，炖煮2分钟。

6 将淘洗好的大米、糙米、薏米放入电饭煲中。

7 将炒好的汤汁倒入电饭煲中，选择煮饭功能。

8 煮好的焖饭盛出后撒上剩余葱花即可。

1 新鲜的鸡翅富有光泽，外皮无残留毛及毛根，用手触碰，可以感受到肉质富有弹性，并且闻起来有一种鸡肉鲜味。

2 糙米和薏米的加入，会让杂粮饭的口感粗糙一些，如果不喜欢，可以适当减少糙米和薏米的用量。

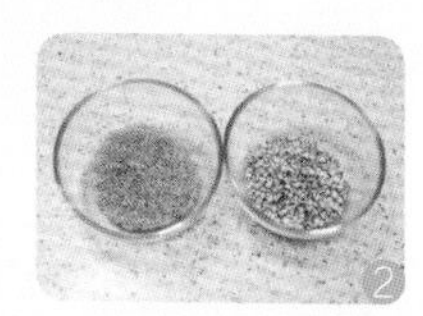

浓郁的酱汁给鸡翅增添了饱和的色彩，经过焖煮之后的鸡肉似乎入口即化，搭配上粗细结合的杂粮饭，真是棒极了。

黑胡椒会魔法

黑椒土豆鸡腿二米饭

烹饪时间：40分钟

难易程度：中等

主料

鸡腿1只…土豆100克…紫洋葱80克…青甜椒80克
红甜椒80克…小米50克…大米150克

辅料

油1汤匙…盐2克…黑胡椒酱30克…生抽2茶匙
老抽1茶匙…蚝油1茶匙…绵白糖1/2茶匙
料酒2茶匙…姜丝5克…香葱1棵

做法

1 鸡腿洗净后控干水，在正反各划三刀；土豆洗净后去皮，切成滚刀块；紫洋葱洗净后切成小丁；青甜椒和红甜椒洗净后去掉子，切小丁；香葱洗净后切葱花。

2 将鸡腿放入大碗中，加入料酒、姜丝抓匀，腌制约20分钟。

3 炒锅中放油，烧至七成热后放入洋葱丁煸炒至出香味。

4 放入土豆块、青甜椒和红甜椒丁，煸炒片刻。

5 放入盐、黑胡椒酱、生抽、老抽、蚝油、绵白糖和适量清水，大火煮开。

6 将淘洗好的大米、小米放入电饭煲中。

7 将炒好的汤汁倒入电饭煲中，将腌制好的鸡腿放在表面，选择煮饭功能。

8 煮好的焖饭盛出后撒上葱花即可。

烹饪秘籍

1 如果想要鸡腿更入味，可以将其剁成小块，与其他食材一同煸炒，在汤汁中煮几分钟。

2 青甜椒丁和红甜椒丁不要切得太小，可以用手撕成3厘米见方的块。

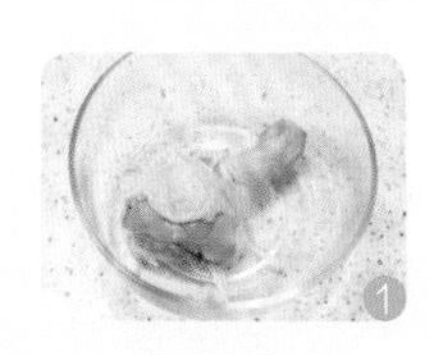

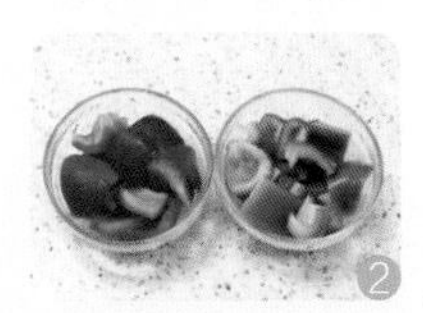

如果说食物也有各种职业，那么黑胡椒是不是魔法师？因为有了黑胡椒的加入，饭菜就一下子变得好吃了呢。

满天小星星

秋葵虾仁菜饭

烹饪时间：40分钟

难易程度：简单

主料

秋葵150克…鲜虾150克…大米200克

辅料

油1汤匙…盐1茶匙…料酒2茶匙

生姜10克…大蒜10克

做法

1 秋葵洗净后切成约0.5厘米厚的片；生姜洗净、去皮，切成姜丝；大蒜去皮，掰成蒜瓣后切成蒜末。

2 鲜虾洗净后去头、壳，在背部划开一刀，用牙签挑去虾线，洗净。

3 将虾仁放在容器中，加入姜丝、料酒，用手抓匀后腌制20分钟。

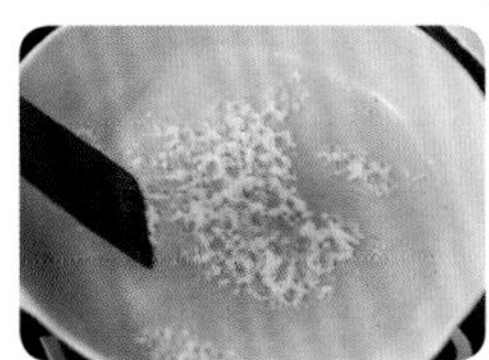

4 炒锅中放入油，烧至七成热后放入蒜末，煸炒出香味。

5 放入秋葵和虾仁翻炒约1分钟，加入适量清水防止粘锅。

6 将淘洗好的大米放入电饭煲中。

7 将炒好的秋葵和虾仁连同汤汁倒入电饭煲中，加入适量清水，选择煮饭功能。

8 煮好的菜饭加入盐，拌匀即可出锅。

烹饪秘籍

1 挑选秋葵的时候，要选择嫩一些的，这样的秋葵水分含量足，口感比较好。

2 秋葵炒制过程中会有很多黏液，所以要加一点水来防止粘锅。

很喜欢秋葵切开的样子，好像一颗一颗的小星星呢。秋葵的营养很丰富，在美英等国家被列入新世纪最佳绿色食品名录，对身体健康很有益处。

每每看到熏肉，都要不自觉地流口水。对于喜欢熏肉的人来说，每一口都能品味到独特的果木香气，肥瘦相间、入口即化，真是让人陶醉呢！

浓郁果木香

熏肉菜饭

烹饪时间：40分钟

难易程度：简单

主料

熏肉150克…油菜200克
大米200克

辅料

油1汤匙…盐2克

做法

1 熏肉清洗干净，控干水后切成1厘米左右的丁；油菜去掉根部，将叶子掰下清洗干净，控干水后切成1厘米左右的小段。

2 炒锅中放入油，烧至七成热后放入熏肉丁煸炒至出香味。

3 放入油菜丁煸炒至微微变软。

4 将淘洗好的大米放入电饭煲中。

5 将炒好的熏肉油菜丁连同汤汁倒入电饭煲中，加入适量清水，选择煮饭功能。

6 煮好的菜饭加入盐，拌匀即可出锅。

烹饪秘籍

1 熏肉本身有一定的咸味，可以根据自己的口味调整盐的用量。

2 青菜中的水分含量比较大，因此菜饭焖煮的时候所加的清水量，要比平时煮米饭加的水量少一些。

山药羊肉粥

暖暖的粥下肚，整个人都感觉舒服了起来。尤其在冬天，一碗热粥能驱散一身的疲惫，这就是美食的力量吧。

烹饪时间：50分钟

难易程度：中等

主料

羊肉100克…山药100克
胡萝卜40克…大米100克

辅料

盐2克…生抽2茶匙
料酒2茶匙…生姜15克
香葱1棵

做法

1 大米洗净，提前在清水中浸泡30分钟。

2 羊肉洗净后切成丁；山药去皮后洗净，切成滚刀块；胡萝卜去皮后洗净，切成滚刀块；生姜洗净、去皮，切成姜丝；香葱洗净后将葱白切成段，葱叶切成葱花。

3 锅中放入羊肉丁，加入没过食材的凉水，煮开后撇去表面浮沫，将羊肉丁捞出，再次清洗干净。

4 将羊肉丁放入大碗中，加入料酒、生抽、葱白段、姜丝抓匀，腌制30分钟。

5 将大米、羊肉丁、山药、胡萝卜、盐放入电饭煲中，加入适量清水。

6 选择煮粥模式，出锅后撒上葱花即可。

烹饪秘籍

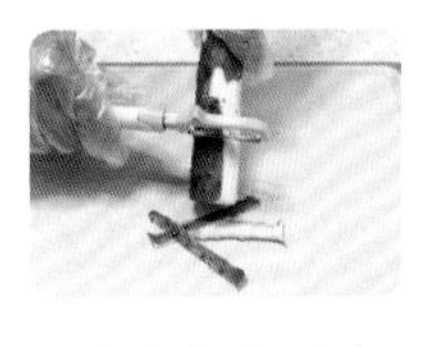

1 山药汁沾到手上容易发痒，给山药削皮时，可以戴上手套或者削皮前在手上抹点醋。

2 切好的山药与空气接触会氧化变黑，可以将切好的山药迅速放入清水中隔绝空气。

大海的秘密礼物

牡蛎虾仁二米粥

烹饪时间：50分钟

难易程度：简单

主料

牡蛎500克…鲜虾150克…鲜香菇3个…胡萝卜30克
青豌豆30克…大米60克…小米40克

辅料

盐1茶匙…料酒2茶匙…淀粉5克
香葱1棵…生姜10克

做法

1 大米洗净，提前在清水中浸泡30分钟；小米洗净，提前在清水中浸泡20分钟。

2 鲜香菇洗净、去蒂，切成丁；青豌豆洗净后控干水；胡萝卜洗净后去皮，切成小丁；香葱洗净后取葱叶切成葱花；生姜洗净、去皮，切成姜丝。

3 牡蛎在清水中清洗干净，撬开后将牡蛎肉取出，再次清洗干净。

4 鲜虾洗净后去头、壳，在背部划开一刀，用牙签挑去虾线，洗净。

5 将虾仁放在容器中，加入姜丝、料酒、淀粉，用手抓匀后腌制20分钟。

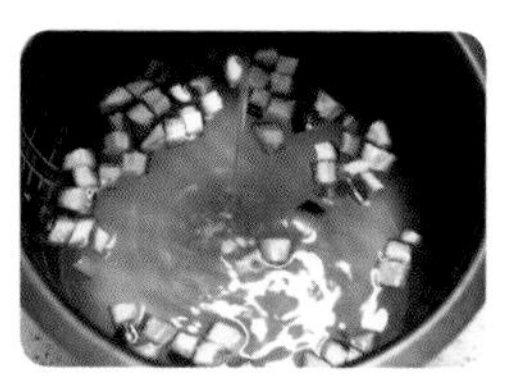

6 将大米、小米、香菇丁、胡萝卜丁、青豌豆放入电饭煲中，加入适量清水。

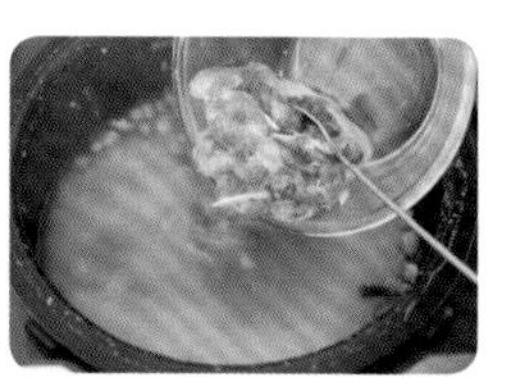

7 选择煮粥模式，提前10分钟左右开盖，加入盐调味，放入牡蛎和虾仁。

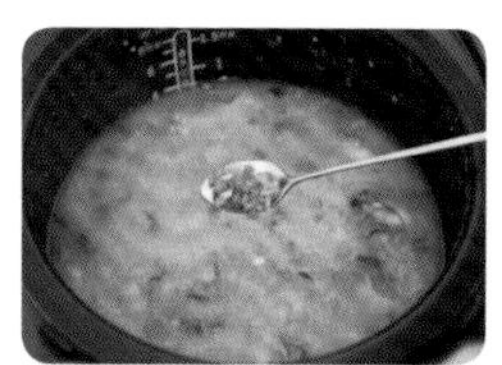

8 待粥熬好后，撒上葱花搅匀即可。

烹饪秘籍

牡蛎去壳小技巧：

1 牡蛎放入盆中，在水龙头下用小刷子刷干净表面。

2 用刀背在洗净的牡蛎壳边缘敲几下，敲出一个豁口。

3 用刀尖贴着牡蛎壳插入，边切边推进，切断闭壳肌。

4 用刀子撬开牡蛎壳，取出牡蛎肉。

5 用清水将牡蛎肉清洗干净即可。

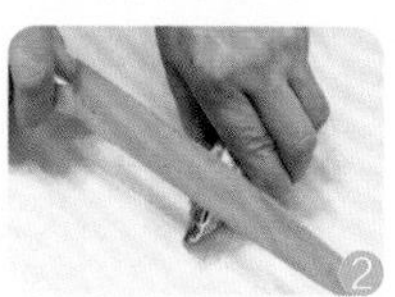

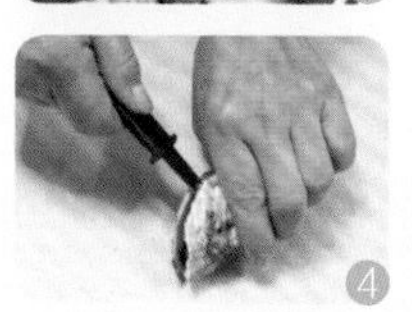

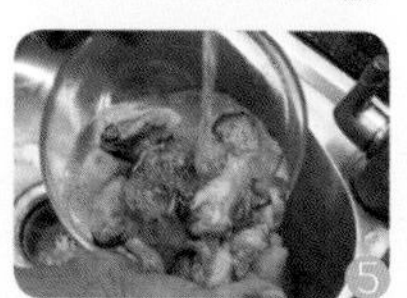

这是来自大海的美味，鲜嫩的牡蛎、肉质紧嫩的虾仁，带着大海赋予的鲜美滋味来到我们身旁，让我们无比感恩。

皮蛋和彩蔬在粥中不断碰撞，为粥带来咸鲜的味道和跳跃的色彩，早上喝一碗浓浓的粥，饱腹又温暖。

鲜美滋味，跳跃色彩

皮蛋时蔬鸡肉粥

烹饪时间：50分钟

难易程度：简单

主料

鸡胸肉100克…西蓝花70克
胡萝卜30克…皮蛋1个
大米100克

辅料

油2茶匙…盐1茶匙
生抽2茶匙…料酒2茶匙
淀粉5克…香葱1棵
生姜10克

做法

1 大米洗净，提前在清水中浸泡30分钟；鸡胸肉洗净后控干水，切成丁；西蓝花洗净后控干水，掰成小朵；胡萝卜洗净、去皮，切成丁。

2 香葱洗净，将葱白切成段，葱叶切成葱花；生姜洗净、去皮，切成丝；皮蛋去皮后切成小块。

3 将鸡肉丁放入大碗中，加入葱白段、姜丝、料酒、生抽、淀粉抓匀后腌制20分钟。

4 炒锅中放入油，烧至七成热后放入鸡肉丁滑炒至变色，盛出备用。

5 将大米、皮蛋、鸡肉丁、胡萝卜丁和西蓝花放入电饭煲中，加入适量清水。

6 选择煮粥模式，出锅后加入盐调味，撒上葱花即可。

烹饪秘籍

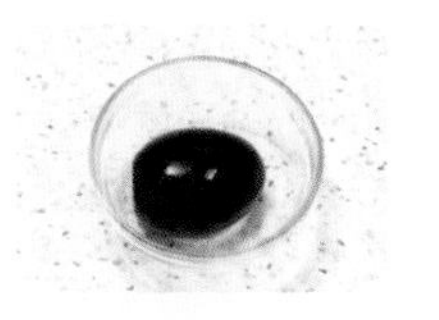

1 选购皮蛋的时候要注意购买无铅皮蛋。

2 不同部位的鸡肉口感略有不同，熬粥时，推荐选择鸡胸肉或者鸡腿肉，这两个部位的肉质细嫩且便于处理，能够提升粥的口感。

每一口都鲜美

瑶柱瘦肉青菜粥

烹饪时间：50分钟

难易程度：简单

主料

瑶柱60克…猪里脊肉60克
油菜2棵…大米100克

辅料

油2茶匙…盐2克…枸杞子5克

肉类的香气、海鲜的鲜美、蔬菜的营养集合在一起，这样一款粥有吸引到你吗？我相信，在寒冷的冬日清晨，这碗粥会给你带来温暖的力量。

做法

1 大米洗净，提前浸泡30分钟；瑶柱洗净，切小丁；猪里脊洗净、沥干，切成肉末；枸杞子洗净，浸泡5分钟。

2 油菜去掉根部，将叶子掰下洗净，放入开水中焯烫一下后捞出，放凉后切碎。

3 炒锅中倒入油，烧至约六成热时加入里脊肉末滑熟，盛出备用。

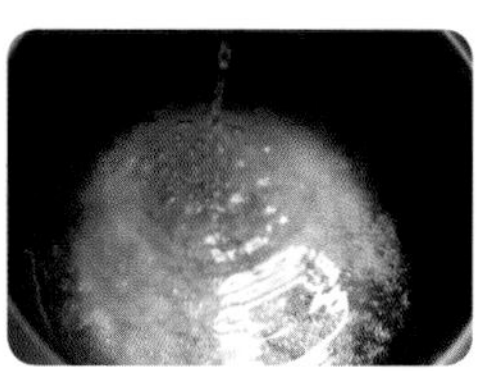

4 将大米、里脊肉末放入电饭煲中，加入适量清水。

5 选择煮粥模式，在粥熬好之前10分钟左右开盖，放入瑶柱。

6 出锅后加入盐、油菜和枸杞子，搅匀即可。

烹饪秘籍

1 这款粥不需要加入太多的调味品，瑶柱本身的鲜美味道就让粥十分美味可口啦。

2 如果买来的是干瑶柱，需要提前在温水中浸泡至变软后再用。

3 瑶柱熬煮的时间不宜过久，否则肉质变老影响口感。

燕麦有着顺滑的口感和香浓的味道，并且属于低热量食物，对于瘦身人群来说，燕麦是很好的主食。

瘦身燕麦粥

烹饪时间：50分钟

难易程度：简单

主料

大米30克…糙米50克
燕麦片50克…玉米粒30克
胡萝卜40克

辅料

猪肉松10克…熟黑芝麻3克

做法

1 大米、糙米分别洗净，提前在清水中浸泡30分钟。

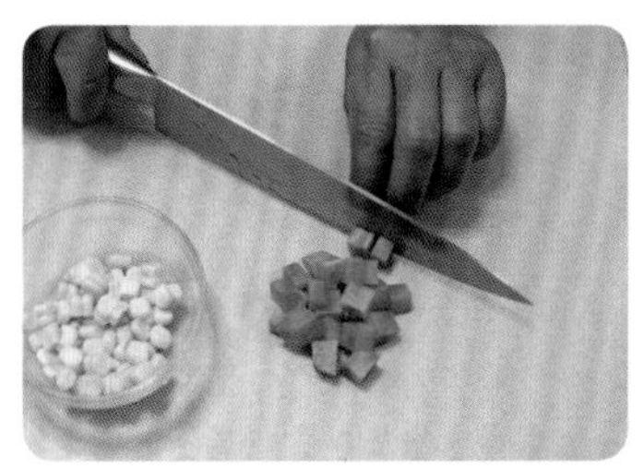

2 玉米粒洗净后控干水备用；胡萝卜洗净、去皮，切成1厘米左右的丁。

3 将大米、糙米、胡萝卜、玉米粒、燕麦片放入电饭煲中，加入适量清水。

4 选择煮粥模式，出锅后撒上猪肉松和熟黑芝麻即可。

烹饪秘籍

1 糙米质地紧密，如果想要口感更软，可以使用高压锅来熬煮。

2 这款粥中也可以加入适量牛奶，味道会更香浓。

精雕细琢一朵花

糖醋萝卜花

烹饪时间：10分钟（不含浸泡时间）

难易程度：简单

主料

樱桃萝卜150克

辅料

绵白糖1茶匙…白醋2茶匙

考验刀工的时候到了，耐心切出一朵朵小花吧，你会发现，原来不起眼的食材经过仔细雕琢之后，会变得如此惊艳。

做法

1 将樱桃萝卜清洗干净，切掉头和尾。

2 将樱桃萝卜尾部朝下竖放在案板上，两侧放上筷子卡住，用蓑衣刀法竖着切成薄片，注意底部不要切断。

3 将樱桃萝卜垂直旋转一下，两侧依然放上筷子卡住，将薄片切成丝状。

4 将切好的萝卜花放在大碗中，加入由绵白糖、白醋和适量纯净水调成的料汁，放入冰箱冷藏半小时左右即可。

烹饪秘籍

可以适量去掉一些樱桃萝卜的皮，这样能够减少一些辣味。

有饭有菜了，再来一份洋葱木耳就再好不过了。清新爽口的味道既能促进食欲，也能给肠胃减轻负担。

开胃又清肠

洋葱木耳

烹饪时间：10分钟（不含泡发时间）　难易程度：简单

主料

紫洋葱200克…干木耳20克

辅料

盐1/2茶匙…生抽1茶匙…绵白糖1/2茶匙
凉拌醋2茶匙…香油1茶匙…香菜1棵

做法

1 紫洋葱洗净后切成约0.3厘米宽的丝；干木耳提前用温水泡发约2小时，洗净后撕成小朵；香菜洗净后切成2厘米左右的段。
2 锅中加入清水，煮至沸腾后放入木耳，煮约2分钟，捞出，在凉开水中过凉后控干水。
3 将木耳和洋葱放入大碗中，加入盐、生抽、绵白糖、凉拌醋、香油拌匀。
4 最后撒上香菜即可。

烹饪秘籍

切洋葱的时候，每次都把刀浸一下凉水再切，能够避免眼睛受到洋葱中挥发物质的刺激而流泪。

鲜嫩的鸡肉很容易被消化吸收，撕成条之后更加方便食用，即使牙口不好的老人，吃起来也是毫无压力的。

色泽红郁好诱人

麻辣鸡丝

烹饪时间：20分钟　难易程度：简单

主料

鸡胸肉200克…黄瓜60克

辅料

盐1/2茶匙…绵白糖1/2茶匙…生抽1茶匙…米醋2茶匙
蚝油1/2茶匙…辣椒油1茶匙…麻椒油1茶匙…生姜15克
香葱1棵…熟白芝麻1克

做法

1 鸡胸肉清洗干净备用；黄瓜洗净后用擦丝器擦成丝；生姜洗净，去皮后切成姜片；香葱洗净后切成葱花。
2 锅中加入清水，放入姜片和鸡胸肉，煮约10分钟至熟透，将鸡胸肉捞出，撕成丝。
3 将鸡丝和黄瓜丝放入容器中，放入盐、绵白糖、生抽、米醋、蚝油、辣椒油和麻椒油拌匀。
4 将鸡丝盛放在盘中，撒上葱花和熟白芝麻即可。

烹饪秘籍

最好选择新鲜的鸡胸肉，冰冻过再解冻的鸡胸肉会失去部分水分而使肉质变柴，影响口感。

4 砂锅的温暖

关于汤的记忆，总是离不开温暖。咕嘟咕嘟的声音，热气腾腾的厨房，让平凡的日子里充满了烟火气息，时光仿佛也在这温暖的汤汁中慢慢流淌。伴着温暖的汤水，分享着生活里的小幸福，诉说着对彼此的爱，美食的力量，温暖而强韧。

香浓开胃

番茄鱼豆腐砂锅面

烹饪时间：30分钟

难易程度：简单

主料

番茄1只…鱼豆腐150克

金针菇50克…宽面条150克

辅料

油1汤匙…盐2克…番茄酱20克

蚝油1茶匙…生抽1茶匙…大蒜10克…香葱1棵

做法

1 番茄洗净、去皮，切成1厘米左右的丁；将金针菇根部切掉，撕开并洗净；香葱洗净后，将葱白切成段，将葱叶切成葱花；大蒜洗净后切成蒜末。

2 砂锅中放入油，烧至七成热后放入葱白段和蒜末爆炒至出香味。

3 将番茄放入，煸炒至变软后加入番茄酱炒匀。

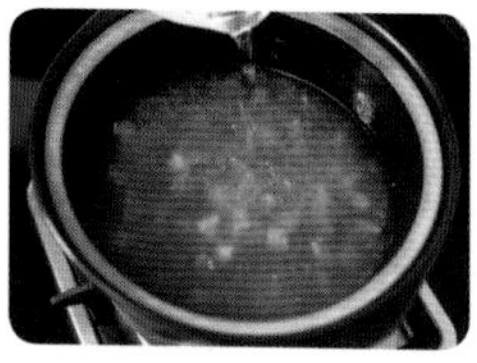

4 加入盐、生抽、蚝油调味，倒入适量清水烧开。

5 将面条、金针菇和鱼豆腐放入锅中煮熟。

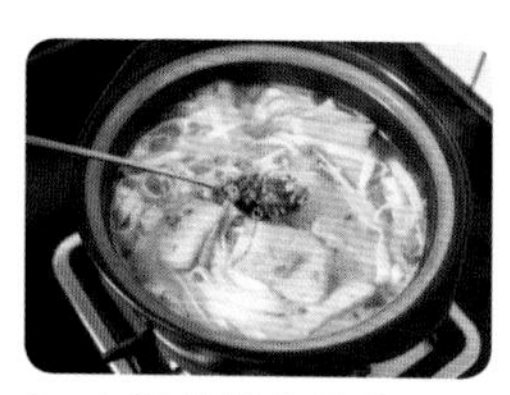

6 出锅前撒上葱花即可关火。

烹饪秘籍

1 喜欢吃辣，在煸炒好番茄之后，再加2茶匙辣椒油，味道也是很棒的。

2 同样容量的砂锅最好选择深一些的来煮面，这样不容易溢锅，而且也不容易使面条粘在锅底而导致煳底。

1

2

这款茄汁面有着红彤彤的诱人色泽，看上去就让人食欲大开。迫不及待品尝一口，这酸中带着鲜美的味道，怕是要连汤汁都不会剩下呢。

汤汁更美味

娃娃菜鱼丸砂锅面

⌛ 烹饪时间：30分钟

难易程度：简单

主料

娃娃菜150克…豆腐泡50克
鱼丸150克…宽面条150克

辅料

油1汤匙…盐1茶匙
朝天椒2颗…大蒜10克…香葱1棵

做法

1 娃娃菜切去一部分根部，将叶子掰开洗净后控干水分；朝天椒洗净后控干水分，切碎；香葱洗净后切成葱花；大蒜洗净后切成蒜末。

2 砂锅中放入油，烧至七成热后放入蒜末和朝天椒爆炒至出香味。

3 倒入适量清水烧开，加入盐入底味。

4 将面条、鱼丸放入锅中煮至八成熟。

5 放入娃娃菜和豆腐泡煮熟。

6 出锅前撒上葱花即可关火。

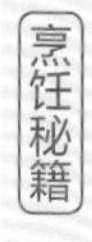

1 娃娃菜比较容易煮熟，可以晚一点放入，以免炖煮时间过久而变得软烂，影响口感。

2 想要鱼丸更加弹牙可口，可以提前将鱼丸煮熟，捞出后过凉开水，待砂锅面快要煮好的时候再放入。

娃娃菜经过炖煮之后，为汤汁增添了一丝丝甜味。吸满了汤汁的豆腐泡滋味十足，再来一口弹牙鲜美的鱼丸，这碗面着实令人回味无穷。

咕嘟咕嘟肉肉香

咖喱牛腩砂锅面

烹饪时间：40分钟

难易程度：中等

主料

牛腩150克…胡萝卜60克
紫洋葱100克…宽面条150克

辅料

油1汤匙…盐2克…咖喱块40克…料酒1茶匙
八角2个…桂皮1段…香叶2片…姜片15克
大葱50克…香葱1棵

做法

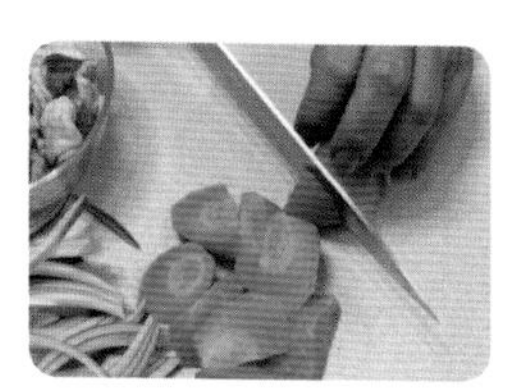

1 牛腩洗净后控干水分，切成2厘米左右的小块；胡萝卜洗净、去皮后，切成滚刀块；紫洋葱洗净后切成丝；大葱洗净后切成葱段；香葱洗净后切成葱花。

2 锅中加入清水，将牛腩放入，煮至沸腾后撇去浮沫，捞出牛腩并再次清洗干净。

3 另换一锅清水，放入牛肉，加入盐、料酒、八角、桂皮、香叶、大葱段、姜片，大火煮开后转小火煮约20分钟。

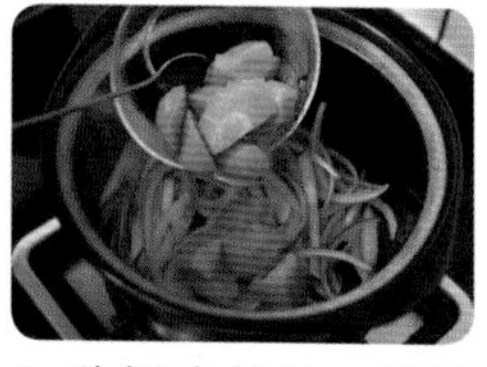

4 砂锅中放油，烧至七成热后放入紫洋葱丝煸炒至出香味，然后加入胡萝卜块煸炒半分钟左右。

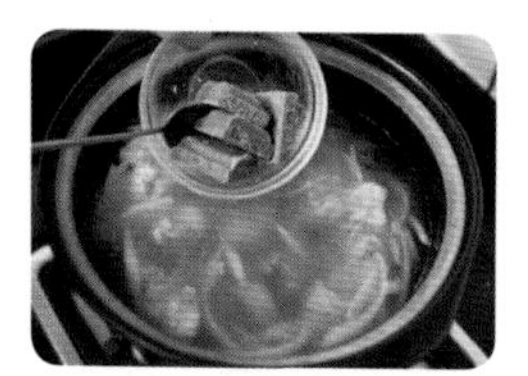

5 加入牛肉和适量的牛肉汤，煮至待微开时加入咖喱块，搅拌均匀。

6 将面条放入锅中煮熟，出锅前撒上葱花即可关火。

烹饪秘籍

1 咖喱块也可以用咖喱粉替代，具体用量可以根据自己的口味进行调整。

2 新鲜的牛肉比较有光泽，呈现均匀的红色，脂肪洁白或者呈淡黄色；用手触摸牛肉表面，能够感觉微干或有风干膜，触摸时不粘手；用手指轻轻按压，指压处能够立即恢复。

1

2

香浓的咖喱带有着一丝异域风情，咕嘟咕嘟的一锅咖喱，炖煮着大块的牛肉，这锅面条也变得格外让人期待。

豪华砂锅方便面

⌛ 烹饪时间：30分钟

难易程度：简单

主料

年糕60克···奶酪片2片···鱼丸80克
蟹棒3根···紫洋葱60克···午餐肉50克
鸡蛋1个···方便面1块

辅料

油1汤匙···盐2克···韩式辣酱30克···香葱1棵

做法

1 紫洋葱洗净后切成丁；午餐肉切成小片；香葱洗净后切成葱花。

2 砂锅中放油，烧至七成热后放入紫洋葱丁，煸炒至变软。

3 加入韩式辣酱和少许清水，煸炒片刻。

4 倒入适量清水，放入盐、年糕、鱼丸、蟹棒、午餐肉，盖上盖子，小火煮开。

5 放入方便面，磕入1个鸡蛋，盖上盖子，煮至鸡蛋熟透。

6 铺上奶酪片煮至融化，撒上葱花即可关火。

烹饪秘籍

1 午餐肉提前煎一下，味道会更好哦。

2 方便面最好选择比较耐煮的品牌，这样不会因为煮的时间过久而软烂，影响口感。

①

②

当一碗方便面中加入了各色食材，就形成了豪华阵容，一切都开始变得不简单。吃一份豪华版方便面，也就成了一件有仪式感的事情。

有点微微甜

沙茶酱鸡肉丸砂锅面

⏳ 烹饪时间：30分钟

难易程度：简单

主料

鸡肉丸100克…鱿鱼卷100克
胡萝卜50克…鲜面条200克

辅料

油1汤匙…盐2克…沙茶酱30克…香葱1棵

做法

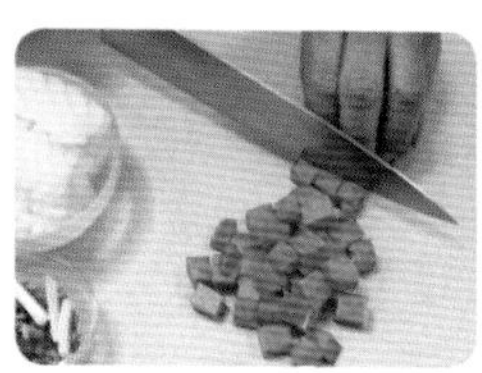

1 胡萝卜洗净、去皮，切成小丁；鱿鱼卷洗净后控干水；香葱洗净后将葱白切成小段，将葱叶切成葱花。

2 砂锅中放入油，烧至七成热后放入胡萝卜丁，煸炒至变软。

3 加入沙茶酱和少许清水，煸炒片刻。

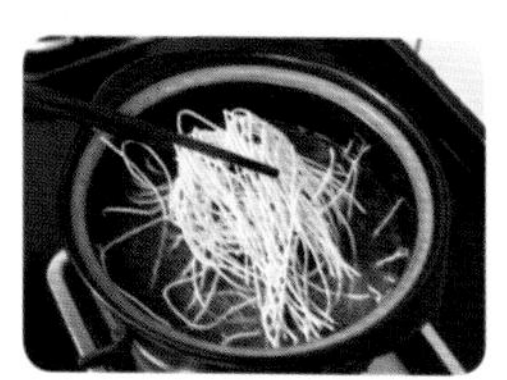

4 倒入适量清水，放入鸡肉丸、鲜面条，盖上盖子，小火煮开。

5 放入鱿鱼卷，加入盐调味，继续煮至食材熟透。

6 出锅前撒上葱花即可关火。

烹饪秘籍

1 不同品牌的沙茶酱，其含盐量也会有所不同，请根据自己的口味酌情加盐。

2 鱿鱼卷最好是自己买鱿鱼制作，冷冻的鱿鱼卷口感会略逊色。

3 自己处理鱿鱼需要将鱿鱼皮撕干净，可以从一角慢慢开始撕，动作尽量慢一些，这样能够将表皮清理得比较干净。

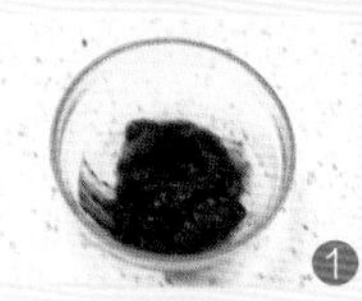

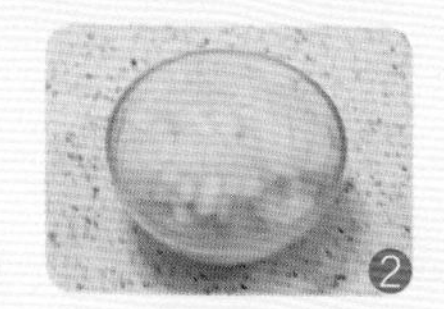

浓浓的汤汁在锅中咕嘟咕嘟，好闻的沙茶酱的味道将记忆带到南方的小岛上，耳边仿佛传来大海的声音，好想再去海边走一走。

大口吃肉，大口喝汤

酥肉酸菜粉丝煲

⌛ 烹饪时间：35分钟

难易程度：中等

主料

酥肉100克…酸菜150克…粉丝50克…海带60克

辅料

油1汤匙…盐1茶匙…大蒜10克

干辣椒2个…朝天椒1个

做法

1 酸菜洗净后切成丝，攥干水备用；大蒜去皮后洗净，切成蒜片；朝天椒切成圈。

2 粉丝用温水泡软，用剪刀剪成10厘米左右的段；海带洗净后切成2厘米见方的块。

3 砂锅中倒入油，烧至七成热后放入蒜片、干辣椒，煸炒出香味。

4 放入酸菜丝爆炒出香味，加入适量清水，大火煮开。

5 放入酥肉和海带，加入盐调味，转小火炖约15分钟。

6 放入粉丝，继续小火炖煮约5分钟至粉丝熟透，在表面撒上朝天椒圈即可关火。

烹饪秘籍

1 如果家里有高汤，可以用高汤代替清水，会更加美味哦。

2 酸菜含有一定的盐分，不同品牌的酸菜含盐量不尽相同，提前清洗浸泡可以去除部分盐分，防止味道过咸。如果觉得酸菜咸度不够，也可以根据自己的口味酌情添加盐。

一看到酸菜，就想到了热情好客的东北人民。尝一口，外酥内软的酥肉香气十足，经过炖煮之后似乎入口即化，大口吃肉，大口喝汤，真是过瘾。

给身体补补钙

虾仁豆腐粉丝煲

⌛ 烹饪时间：30分钟

难易程度：简单

主料

猪五花肉80克…豆腐100克
鲜虾150克…粉丝50克…鸡蛋1个

辅料

油2茶匙…盐1茶匙…香葱1棵

做法

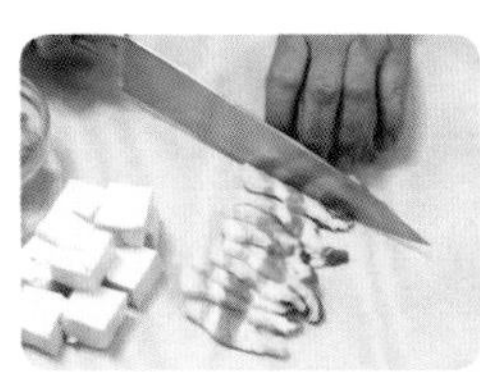

1 猪五花肉洗净，控干水，切成片；豆腐切成小块；鲜虾洗净后去头、去壳，在背部划开一刀，用牙签挑出虾线；香葱洗净后留葱叶，切成葱花。

2 粉丝用温水泡软，用剪刀剪成10厘米左右的段。

3 砂锅中倒入油，烧至七成热后放入五花肉片，煸炒至变色。

4 倒入清水，大火煮开后放入豆腐，转小火煮5分钟左右。

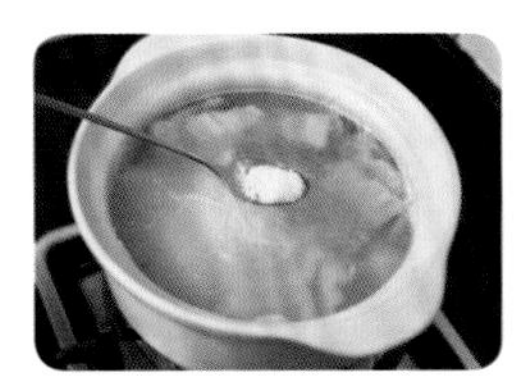

5 放入鲜虾和粉丝，加入盐调味，煮5分钟左右至食材熟透。

6 最后淋入打散的蛋液略煮，撒上葱花即可关火。

烹饪秘籍

1 汤中除了鲜虾，还可以加入鱿鱼须、牡蛎等食材，味道会更加鲜美。

2 豆腐有南豆腐和北豆腐之分，南豆腐的口感比较嫩，但是不耐煮，容易破碎，可以选择更有韧性的北豆腐。

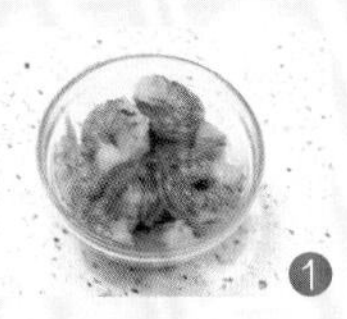

①

②

豆腐特有的香气和虾仁鲜美的滋味融合在一起，粉丝也吸足了清清爽爽的汤汁，每一口都令人回味无穷。

不经意中看一眼，立马就被金灿灿的汤汁吸引了。细细品味，酸酸辣辣的汤汁，嫩滑的土豆粉，真是美味啊。

金灿灿，很温暖

酸汤肥牛土豆粉

烹饪时间：30分钟
难易程度：中等

主料

肥牛150克…金针菇60克
土豆粉300克

辅料

油2茶匙…盐1/2茶匙
黄灯笼辣椒酱50克
杭椒1个…小米椒1个
蒜末10克…生姜10克
料酒2茶匙…陈醋2茶匙
白胡椒粉2克

做法

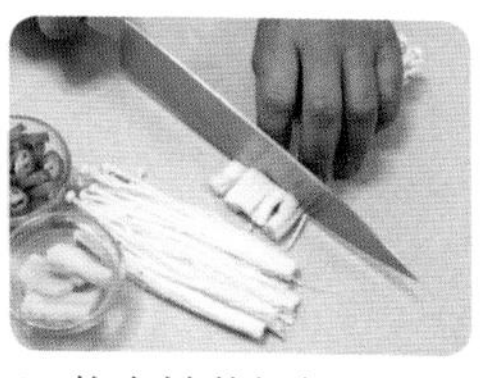

1 将金针菇根部切掉后撕开，洗净，控干水；生姜洗净，去皮后切成片；杭椒和小米椒洗净后控干水，切成圈。

2 锅中备适量冷水，放入肥牛，大火煮开，撇去表面的浮沫，将肥牛捞出，控干水。

3 砂锅中加入油，大火烧至七成热后放入姜片、蒜末爆炒出香味。

4 放入黄灯笼辣椒酱煸炒出香味，加入适量清水和盐、料酒、陈醋、白胡椒粉煮开。

5 放入金针菇和土豆粉煮至熟透。

6 放入焯好的肥牛煮约半分钟，最后加入杭椒和小米椒即可关火。

烹饪秘籍

1 黄灯笼辣椒酱是金灿灿的汤汁的关键哦，一定不要随意替换。

2 如果家里有高汤，可用来替代清水，味道会更加鲜美。

调皮的胖娃娃

牡蛎鸡蛋土豆粉

胖墩墩的牡蛎在土豆粉中若隐若现，白白嫩嫩的像个调皮的小娃娃，带着嫩嫩的口感和鲜美的滋味跳跃着，让顺滑的土豆粉更加好吃。

烹饪时间：30分钟

难易程度：中等

主料

牡蛎500克…菠菜80克
鸡蛋1个…土豆粉300克

辅料

盐1茶匙…白胡椒粉1茶匙
油少许

烹饪秘籍

1 菠菜中含有草酸，会与食物中的钙结合成为草酸钙而不易被人体吸收，因此要提前用开水烫一下，去除其中大部分草酸。

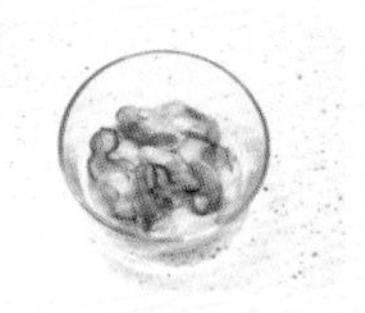

2 牡蛎煮的时间不宜过久，否则会煮老而使肉质变硬，影响口感。

做法

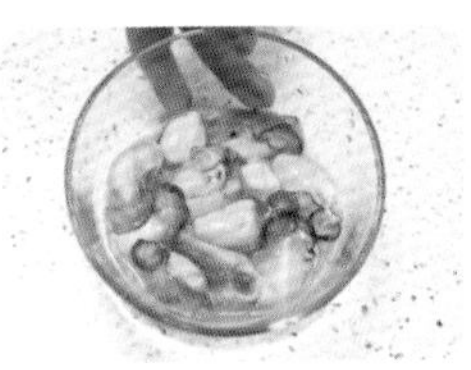

1 将牡蛎在清水中清洗干净，撬开后将牡蛎肉取出，再次清洗干净。

2 将菠菜的根部去掉，掰下叶子，用清水反复清洗干净；将鸡蛋磕入碗中，用筷子充分打散。

3 锅中加入清水和少许的油、盐，煮至沸腾后将菠菜放入焯熟，捞出后过凉开水。

4 砂锅中加入适量清水，大火烧开后放入土豆粉煮至九成熟。

5 加入牡蛎熬煮约2分钟，放入盐和白胡椒粉调味。

6 将蛋液淋入汤中，出锅前放入焯好的菠菜，搅拌均匀即可。

天生一对

香菇鸡丁煲仔饭

⌛ 烹饪时间：70分钟

难易程度：高等

主料

鸡腿肉100克…鲜香菇3朵

胡萝卜50克…油菜60克…大米200克

辅料

油2汤匙…盐2克…料酒2茶匙

生抽2茶匙…蚝油1茶匙…蒜末10克

姜丝10克…香葱1棵

做法

1 鸡胸肉洗净后切成丁；鲜香菇洗净、去蒂，切成丁；胡萝卜洗净，去皮后切成丁；油菜去掉根部，将叶子掰下清洗干净；香葱洗净后将葱白切成小段，将葱叶切成葱花。

2 将鸡肉丁放入碗中，加入料酒、姜丝腌制约20分钟；将蚝油、生抽放入碗中，加入适量清水调成汁。

3 大米洗净后放入容器中，按照1：1.5的比例加水，浸泡约30分钟。

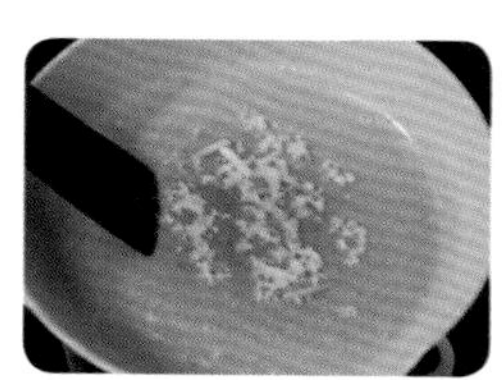

4 炒锅中放1汤匙油，烧至七成热后放入葱白段和蒜末，煸炒至出香味。

5 放入腌制好的鸡肉丁、胡萝卜丁和香菇丁煸炒片刻，加入盐和适量清水，炖煮至鸡肉熟透。

6 将砂锅刷一层油，将泡好的大米和水放入砂锅中，大火烧开后转小火煮约15分钟至米饭出现一个个小洞。

7 将炒好的香菇鸡丁、油菜放在米饭表面，将1汤匙油沿着砂锅周围淋一圈，继续小火焖煮约10分钟。

8 关火后闷几分钟，出锅前淋上料汁，撒上葱花即可。

1 新鲜的鸡腿肉肉质细嫩，口感较好。尽量不要购买冷冻的鸡腿肉，因为解冻后会失去部分水分，口感比较柴一些。

2 如果没有时间腌制鸡肉丁，也可以稍微多放一点汤汁炖煮片刻，这样也会比较入味。

香菇和鸡肉真是天生一对，很多饭菜中都有它们的身影，分不清是香菇更好吃一些还是鸡肉更好吃一些，二者是缺一不可的黄金搭档。

香浓好味，大口吃肉

豉汁小排煲仔饭

⌛ 烹饪时间：50分钟

难易程度：高等

主料

猪肋排150克…胡萝卜100克…大米200克

辅料

油2汤匙…豆豉30克…山楂干15克…料酒2茶匙
生抽2茶匙…蚝油2茶匙…绵白糖1茶匙…八角2个
桂皮1块…姜片15克…香葱1棵

做法

1 猪肋排洗净，控干水分后，剁成约5厘米长的段；胡萝卜洗净、去皮后切成小块；香葱洗净后切成葱花；将生抽、蚝油、绵白糖放入小碗中，加入适量清水，拌匀成料汁。

2 大米洗净后放入容器中，按照1∶1.5的比例加水，浸泡约30分钟。

3 准备一锅凉水，将猪肋排、料酒、生姜片放入，大火煮开后将表面的浮沫撇去，捞出猪肋排并再次清洗干净。

4 炒锅中放1汤匙油，烧至七成热后放入豆豉、八角、桂皮煸炒至出香味。

5 放入猪肋排煸炒至表面微焦，放入胡萝卜块、山楂干和适量清水，炖煮约20分钟至汤汁基本收干。

6 将砂锅刷一层油，将泡好的大米和水放入砂锅中，大火烧开后转小火煮约15分钟至米饭出现一个个小洞。

7 将炒好的食材放在米饭表面，将1汤匙油沿着砂锅周围淋一圈，继续小火焖煮约10分钟。

8 关火后闷几分钟，出锅前淋上料汁，撒上葱花即可。

1 老抽的上色能力比较强，豆豉的加入已经为煲仔饭增添了浓郁的酱色，这份煲仔饭中就不要再加入老抽了。

2 如果时间充裕，可以将猪肋排放入大碗中，加入料酒、老抽、葱白段、生姜片腌制20分钟，以充分入味。

排骨因为豆豉的加入而有了浓郁的味道，看着厨房中忙碌的身影，品着用心煲出的美味，这就是幸福的味道吧。

咸咸又甜甜

咸蛋黄南瓜煲仔饭

烹饪时间：50分钟

难易程度：高等

主料

南瓜200克…咸鸭蛋3只…大米200克

辅料

油2汤匙…盐2克…生抽2茶匙…蚝油2茶匙
绵白糖1茶匙…香葱1棵

做法

1 咸鸭蛋剥开后取蛋黄；南瓜洗净后去皮、去瓤，切成2厘米左右的小块；香葱洗净后切成葱花；将生抽、蚝油、绵白糖放入小碗中，加入适量清水，搅拌均匀成为料汁。

2 大米洗净后放入容器中，按照1∶1.5的比例加水，浸泡约30分钟。

3 将咸蛋黄放入小碗中，用勺子充分压碎。

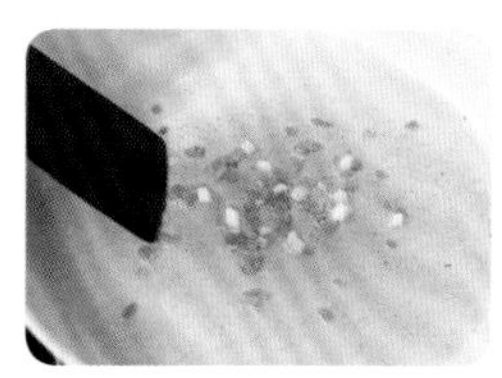

4 炒锅中放1汤匙油，烧至七成热后放入一半葱花，煸炒至出香味。

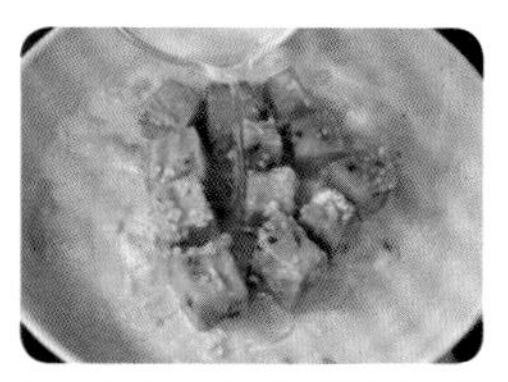

5 放入咸鸭蛋黄煸炒至冒泡，放入南瓜块煸炒片刻，加入盐和适量清水煮至南瓜熟透。

6 将砂锅刷一层油，将泡好的大米和水放入砂锅中，大火烧开后转小火煮约15分钟至米饭出现一个个小洞。

7 将咸蛋黄南瓜放在米饭表面，将1汤匙油沿着砂锅周围淋一圈，继续小火焖煮约10分钟。

8 关火后闷几分钟，出锅前淋上料汁，撒上剩余葱花即可。

1 有的南瓜含水量比较高，可以提前将南瓜切块后撒点盐，腌制20分钟左右，让南瓜出水。

2 炒蛋黄的时候要小火慢慢炒，不要用大火哦。

有点甜，有点咸，这个味道居然如此美妙。当咸味遇上甜味，谁会略胜一筹呢？让我们拭目以待吧。

完美选手

金针菇牛肉丁煲仔饭

烹饪时间：50分钟

难易程度：高等

主料

金针菇150克…肥牛卷150克…大米200克

辅料

油2汤匙…盐2克…黑胡椒汁20克
生抽1汤匙…蚝油2茶匙…绵白糖2克
大蒜15克…香葱1棵

做法

1 金针菇切掉根部，撕开并洗净；大蒜去皮并掰成蒜瓣后，切成蒜片；香葱洗净后切成葱花；将生抽、蚝油、绵白糖放入小碗中，加入适量清水，搅拌均匀成为料汁。

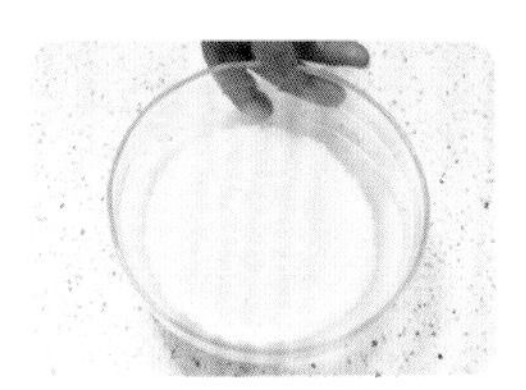

2 大米洗净后放入容器中，按照1：1.5的比例加水，浸泡约30分钟。

3 锅中备适量冷水，放入肥牛，大火煮开，撇去表面的浮沫，将肥牛捞出，控干水。

4 另换一锅水烧开后，放入金针菇煮约2分钟，捞出控干水。

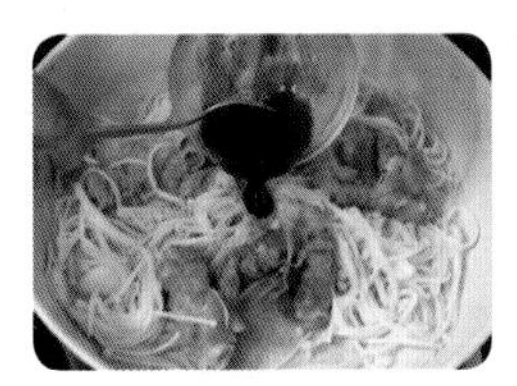

5 炒锅中放1汤匙油，烧至七成热后放入蒜片、金针菇和肥牛卷炒匀，加入盐、黑胡椒汁调味。

6 将砂锅刷一层油，将泡好的大米和水放入砂锅中，大火烧开后转小火煮约15分钟至米饭出现一个个小洞。

7 将炒好的食材放在米饭表面，将1汤匙油沿着砂锅周围淋一圈，继续小火焖煮约10分钟。

8 关火后闷几分钟，出锅前淋上料汁，撒上葱花即可。

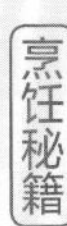

1 肥牛片烫熟即可，不要久煮，否则口感变老不好吃。

2 如果喜欢吃辣，可以在出锅前淋上一点辣椒油，香辣的味道更棒哦。

肥牛卷真是百搭，无论是做火锅、涮菜，还是做汤菜，都可以有完美的表现。在煲仔饭中，肥牛卷再次不负众望，表现出色。

大海赐予了我们如此多的美味，每当有海鲜加入，整个饭菜的鲜美度都会提高不少。喜欢吃海鲜的小伙伴，别忘了在煲仔饭中加一点，很鲜美哦！

喷喷香的滋味

瑶柱香肠煲仔饭

烹饪时间：70分钟

难易程度：高等

主料

瑶柱100克…香肠50克
大米200克

辅料

油1汤匙…生抽2茶匙
蚝油2茶匙…蒸鱼豉油2茶匙
绵白糖1茶匙…料酒2茶匙
香葱1棵

做法

1 瑶柱清洗干净后，控干水；香肠切成小丁；香葱洗净后切成葱花。

2 将生抽、蚝油、蒸鱼豉油、料酒、绵白糖放入小碗中，搅拌均匀成为料汁。

3 大米洗净后放入容器中，按照1：1.5的比例加水，浸泡约30分钟。

4 将砂锅刷一层油，将泡好的大米和水放入砂锅中，大火烧开后转小火煮约15分钟至米饭出现一个个小洞。

5 将瑶柱和香肠丁放在米饭表面，将1汤匙油沿着砂锅周围淋一圈，继续小火焖煮约5分钟。

6 关火后闷几分钟，出锅前淋上料汁，撒上葱花即可。

烹饪秘籍

1 煮米饭的时候要时不时开盖，用筷子搅一下米饭，既可以让米粒受热均匀，也可以防止粘锅。

2 可以加一点绿色蔬菜，这样煲仔饭的色彩会更加丰富。如加一点西蓝花，可将西蓝花提前洗净，与瑶柱和香肠丁一起放入。

蛋白质早餐

小鱼干蒸蛋

⌛ 烹饪时间：40分钟

难易程度：中等

主料

小鱼干20克…鸡蛋2个

辅料

油1茶匙…料酒1茶匙

早餐加个蛋，营养加一半，再加小鱼干，补充锌和钙。鱼干咸又鲜，鸡蛋营养全，鱼干好下饭，鸡蛋好加餐。轻松添美味，做法好简单。

做法

1 小鱼干择去头和肠，用温水泡发。

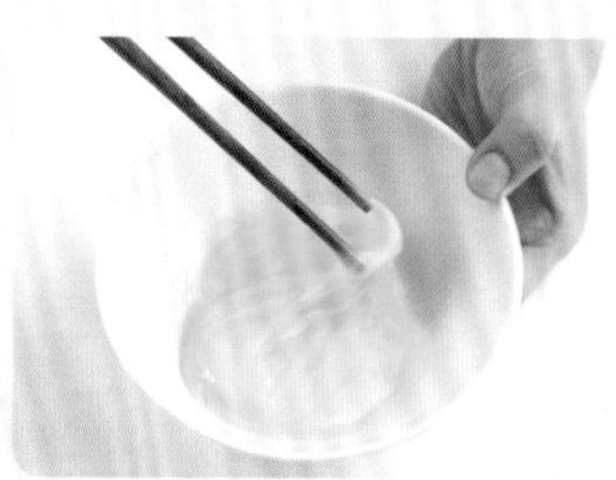

2 鸡蛋打散，放入料酒。

3 泡发的小鱼干放进蛋液里，泡鱼的水沉淀一下杂质，往蛋液中舀入两三汤匙。

4 拌匀，淋上油，上锅蒸10分钟至熟即可。

烹饪秘籍

1 小鱼干正式名为海蜒，有足够的咸味，吃前需泡软，同时泡去一部分盐分。

2 泡海蜒的水里有足够的咸味，蛋里就不用另外放盐了。

3 蒸全蛋不够软嫩，加上几汤匙水可增嫩。但也不可多加，多则变蛋羹。

冬天里的小清新

白菜心海蜇丝

烹饪时间：10分钟　　难易程度：简单

主料

即食海蜇200克…白菜心100克

辅料

香油1汤匙…盐1克…凉拌醋2茶匙…香菜1棵

做法

1 即食海蜇切成细丝；白菜心洗净后控干水，切成细丝；香菜洗净后切成2厘米左右的段。
2 将香油、凉拌醋倒入小碗中调成汁。
3 将海蜇丝和白菜心放在大碗中，加入料汁拌匀。
4 加入盐调味，最后撒上香菜拌匀即可。

烹饪秘籍

不同品牌的海蜇丝含盐量不同，要根据自己的口味提前进行浸泡或者调节盐的用量。

原汁原味

捞汁海螺肉

烹饪时间：20分钟　　难易程度：简单

主料

红螺5个

辅料

捞汁2茶匙…朝天椒3颗

做法

1 红螺洗净后放入蒸锅中，大火烧开后转中火，蒸约10分钟，至熟透后取出凉凉。
2 用牙签扎着螺肉，轻轻顺着海螺壳的纹理方向旋转，将螺肉取出。
3 去除螺肉上的黑绿色苦腺，用温水清洗干净后切成薄片。
4 朝天椒洗净后切成圈，放在螺肉上，淋上捞汁拌匀即可。

烹饪秘籍

市售捞汁有很多品牌，口味也略有不同，可以根据自己的喜好选择，也可适量添加盐。

5 蒸锅汤锅的美味

外婆喜欢做蒸饭和汤，小时候经常围着外婆在厨房打转转，最喜欢的就是外婆掀开锅的一瞬间，热腾腾的蒸汽弥漫在厨房中，伴着食材的香气，温暖诱人。成家以后，我也学着做外婆教会我做的饭菜，在蒸菜和汤菜中品味食材原汁原味的清香，感受天然健康的力量。

黑胡椒红肠土豆泥

烹饪时间：30分钟

难易程度：简单

主料

土豆200克…红肠60克…青豌豆50克

辅料

盐2克…黑胡椒酱20克…蚝油2茶匙

玉米淀粉5克…薄荷叶1朵

做法

1 土豆洗净后用削皮刀削去皮，切成小块；红肠切成小丁；青豌豆在清水中洗净后控干水。

2 将土豆放在盘子中，放入蒸锅，蒸15分钟左右至完全熟透。

3 锅中加入清水，煮至沸腾后将青豌豆放入，焯熟后过凉开水，捞出控干水分。

4 将蒸好的土豆放在大碗中，用勺子压成泥。

5 放入盐、蚝油、红肠丁、青豌豆拌匀，在盘子中整理成半球形。

6 玉米淀粉中加入适量清水，调成水淀粉。

7 将黑胡椒酱、水淀粉在锅中小火加热，烧成浓稠的酱汁。

8 将酱汁淋在土豆泥上面，摆上薄荷叶做装饰即可。

烹饪秘籍

1 蒸土豆的时候，切得小一点，能够节省蒸熟的时间。

2 如果家里有料理棒，可以在土豆泥中加入少许牛奶，用料理棒打成细腻的土豆泥，口感会更好。

土豆是非常家常的食物，做法特别多，可以爆炒、蒸煮、油炸、烘烤……无论哪种做法，土豆都可以带来出众的味道。

平时吃排骨，大多数都是炖煮的做法，这次我们把排骨蒸一下，虽然没有放油，但是味道却一点不差，绵软的芋艿也吸收了排骨的滋味，变得分外好吃。

无油更健康

芋艿蒸排骨

烹饪时间：60分钟

难易程度：简单

主料

猪肋排400克…芋艿200克
胡萝卜100克

辅料

盐1茶匙…料酒2茶匙
生抽2茶匙…老抽2茶匙
蚝油2茶匙…蒸鱼豉油2茶匙
绵白糖2茶匙…淀粉15克
大蒜15克…香葱1棵

做法

1 猪肋排洗净控干水分后，剁成约6厘米长的段；芋艿和胡萝卜洗净、去皮后，切成滚刀块；香葱洗净后控干水，切成葱花；大蒜去皮，掰成蒜瓣后切成蒜末。

2 将猪肋排放在大碗中，加入所有的调料用手抓匀，腌制20分钟。

3 将芋艿和胡萝卜块铺在盘子底部，将腌制好的排骨铺在上面。

4 放入蒸锅蒸30分钟左右，出锅后在表面撒上葱花即可。

烹饪秘籍

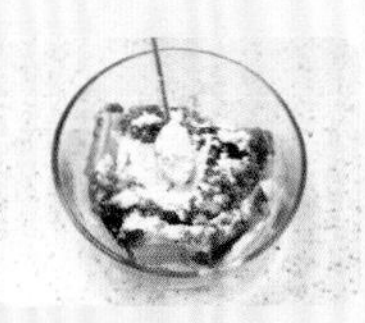

1 淀粉的量可以适当增加，在排骨表面均匀裹一层淀粉，有助于吸收更多的酱汁包裹住排骨，让排骨更入味。

2 如果喜欢吃辣椒，可以在蒸排骨的时候在表面撒一点朝天椒。

舒适的早餐

香菇酱肉蒸饺

⏳ 烹饪时间：30分钟

难易程度：简单

主料

大饺子皮200克
猪里脊肉150克
鲜香菇3朵…圆白菜60克
胡萝卜50克

辅料

盐2克…蚝油2茶匙
生抽2茶匙…豆瓣酱15克
十三香1克…香油2茶匙
香葱1棵

做法

1 猪里脊肉洗净，控干水，剁成肉末；鲜香菇洗净后去蒂，切碎；胡萝卜洗净后去皮，切碎；圆白菜洗净后控干水，切碎；香葱洗净后切成葱花。

2 猪里脊肉中加入盐、蚝油、生抽、豆瓣酱、十三香、香油，朝一个方向搅拌上劲。

3 加入鲜香菇碎、胡萝卜碎、圆白菜碎和葱花，继续朝同一个方向搅拌均匀。

4 将饺子皮中包入馅料，捏成柳叶状。

5 蒸锅中加入清水，将蒸饺摆放在蒸笼中。

6 大火烧开后转中火，蒸15分钟左右至熟透即可。

烹饪秘籍

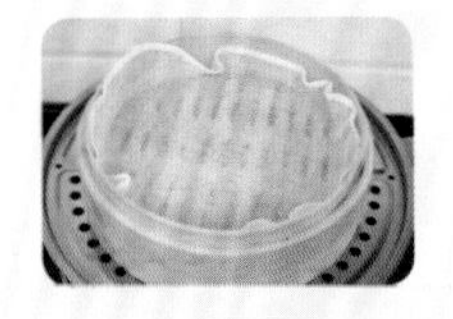

1 蒸笼底部可以铺一层布，防止蒸饺粘连。

2 不同品牌的生抽和豆瓣酱的咸度不同，馅料中盐的量可以根据自己的喜好调整。

小巧可爱的福袋

香菇肉丁糯米烧卖

烹饪时间：40分钟（不含浸泡时间）

难易程度：简单

主料

大饺子皮150克…猪里脊肉50克…鲜香菇1朵
胡萝卜50克…玉米粒30克…青豌豆30克
糯米200克

辅料

油1汤匙…盐2克…蚝油2茶匙…生抽2茶匙
绵白糖1茶匙…胡椒粉1克

做法

1 糯米洗净，提前在清水中浸泡3小时。

2 猪里脊肉洗净、控干水，剁成肉末；鲜香菇洗净后去蒂，切碎；胡萝卜洗净后去皮，切碎；青豌豆和玉米粒在清水中洗净，控干水。

3 将糯米放入大碗中，加入刚刚好没过糯米的清水，在蒸锅中蒸熟。

4 炒锅中放油，烧至七成热后放入肉末，煸炒至出香味。

5 放入香菇碎、胡萝卜碎、玉米粒、青豌豆煸炒片刻。

6 加入盐、蚝油、生抽、绵白糖、胡椒粉调味，放入糯米饭翻炒均匀。

7 将饺子皮擀薄一些，放入炒好的糯米饭，用虎口收紧，底部轻轻颠平。

8 将烧卖摆放在蒸笼中，大火烧开后转中火，蒸15分钟左右至熟透即可。

烹饪秘籍

1 糯米提前泡发好，可以减少蒸制的时间，泡发过程中糯米已经吸收了足量的水分，因此蒸糯米的时候，加的水刚好没过即可。

2 饺子皮要擀薄一些，这样做出来的烧卖才会呈现半透明的状态哦。

软糯的烧卖好像一个个小福袋，盛满了关于美食的幸福。在这个世界上，美食就是心灵的避风港，所有的坏心情在美食面前都会一扫而光。

味道很惊艳

白菜肉卷 + 玉米饼

烹饪时间：30分钟

难易程度：简单

主料

娃娃菜1棵…猪五花肉150克…鲜香菇3朵
胡萝卜50克…玉米饼150克

辅料

油1汤匙…盐2克…料酒2茶匙…生抽2茶匙
胡椒粉1茶匙…香油2茶匙…蚝油2茶匙
蒸鱼豉油2茶匙…绵白糖2茶匙…水淀粉适量
蒜蓉酱15克…蒜末15克…葱花适量

做法

1 将娃娃菜的叶子掰开洗净；猪五花肉洗净，控干水分后剁成肉末；鲜香菇洗净后去蒂，剁碎；胡萝卜洗净后去皮，剁碎。

2 猪肉末中加入香菇和胡萝卜碎，放入盐、料酒、生抽、胡椒粉、香油拌匀成馅。

3 锅中加入清水，煮至沸腾后将娃娃菜放入，焯烫至变软后捞出。

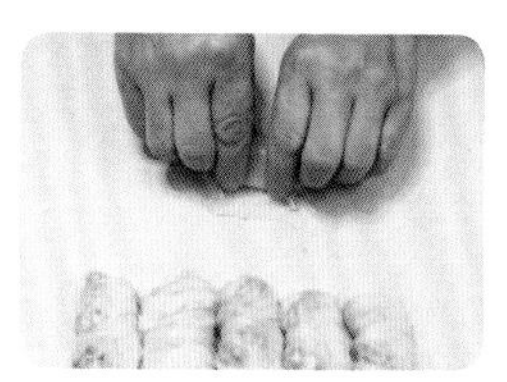

4 将肉馅放在娃娃菜叶上面，将两边往中间收一下，从一端卷起，卷成大小差不多的圆柱状，摆放在盘子中。

5 蒸锅一层放入娃娃菜肉卷，另一层放入玉米饼，蒸20分钟左右至熟透。

6 炒锅中放入油，烧至七成热后放入蒜末煸炒出香味。

7 放入蚝油、蒸鱼豉油、绵白糖、蒜蓉酱、水淀粉调成的汁，小火烧至浓稠。

8 将酱汁浇在蒸好的娃娃菜肉卷上面，最后撒上葱花即可。

烹饪秘籍

1 焯烫娃娃菜的时候，可以在水中加入少许盐，为娃娃菜入一下底味。

2 娃娃菜要焯软，这样卷的时候方便操作，不容易卷破。

3 玉米饼可以直接从超市买速冻的，这样能够节省时间。

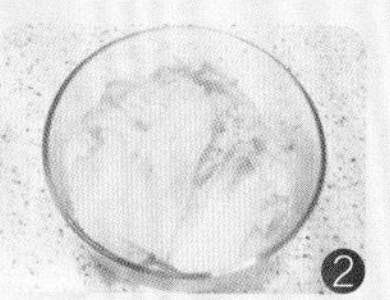

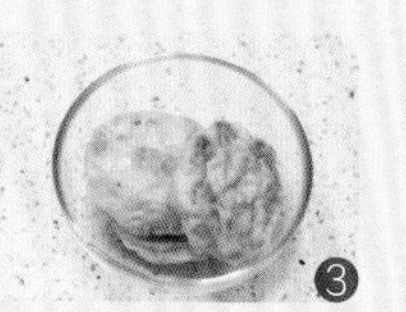

对于我而言，这应该是娃娃菜最好吃的做法了吧。没想到，其貌不扬的娃娃菜裹着肉馅，味道是如此惊艳。

味道棒极了

糯米珍珠丸子

烹饪时间：40分钟（不含浸泡时间）

难易程度：简单

主料

猪里脊肉200克…莲藕100克…鸡蛋1个
胡萝卜50克…糯米200克

辅料

油1汤匙…盐2克…玉米淀粉5克…蚝油2茶匙
生抽2茶匙…绵白糖1茶匙…十三香1茶匙
生姜10克…香葱1棵

做法

1 糯米洗净，提前在清水中浸泡3小时。

2 猪里脊肉洗净、控干水，剁成肉末；莲藕洗净后去皮，切碎；胡萝卜洗净后去皮，切碎；生姜洗净后去皮，切成姜末；香葱洗净后控干水，切成葱花。

3 将猪里脊肉放在大碗中，加入姜末、一半葱花、莲藕、胡萝卜，沿着一个方向搅拌均匀。

4 磕入1个鸡蛋，加入盐、玉米淀粉、蚝油、生抽、绵白糖、十三香，继续沿着一个方向搅拌均匀。

5 在肉馅中加入一大把泡好的糯米，倒入油，再次搅拌均匀。

6 将肉馅团成小球，在泡好的糯米中滚一圈。

7 将糯米丸子摆放在盘子中，蒸锅中加入水，大火烧开后转中火，蒸25分钟左右至熟透。

8 出锅后撒上剩余葱花即可。

烹饪秘籍

1 莲藕有粉藕和脆藕之分，选购的时候要根据自己的需求和喜好来。

2 选择莲藕的时候，应选择颜色微黄、外形饱满、没有明显外伤的莲藕，不要挑选那些看起来特别干净，而且颜色很白的莲藕，那样的莲藕很可能经过化学制剂浸泡，不易储存且对健康不利。

最开始听到这个名字就被吸引了，一颗圆滚滚的肉丸上面，裹满了颗颗粒粒的糯米，真的好像晶莹剔透的珍珠呢。

香辣嫩滑吃不够

蒜蓉剁椒蒸鸡翅 + 花卷

⌛ 烹饪时间：40分钟

难易程度：中等

主料

鸡翅中10只…金针菇150克…花卷150克

辅料

油1汤匙…盐2克…料酒2茶匙…生抽2茶匙
蚝油2茶匙…剁椒酱20克…大蒜15克…香葱1棵

做法

1 鸡翅中洗净后控干水，在正反面各划三刀；将金针菇根部切掉，撕开并洗净；大蒜去皮，掰成蒜瓣后切成蒜末；香葱洗净后控干水，切成葱花。

2 将盐、料酒、生抽、蚝油中加入少许清水调成料汁。

3 准备一锅凉水，放入鸡翅，大火煮开后撇去浮沫，捞出鸡翅，再次清洗干净。

4 将鸡翅放在大碗中，加入料汁，用手抓匀，腌制20分钟。

5 炒锅中放入油，烧至七成热后放入蒜末和剁椒酱，煸炒至出香味。

6 将腌制好的鸡翅连同料汁放入锅中，煸炒片刻后盛出。

7 将金针菇铺在盘子底部，将鸡翅摆放在金针菇上面。

8 蒸锅一层放入鸡翅，另一层放入花卷，蒸20分钟左右至熟透，出锅前给鸡翅撒上葱花即可。

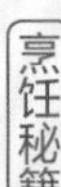

烹饪秘籍

1 煸炒鸡翅的时候可以加入适量清水多煸炒一会儿，这样鸡翅会更加入味。

2 鸡翅也可以剁成小块，这样能够裹上更多的料汁，更加入味。

3 除了金针菇以外，还可以将粉丝提前用温水泡软，铺在底部，也很好吃。

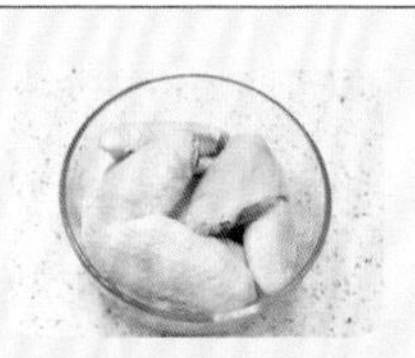

香辣的鸡翅十分解馋，无论是配米饭还是面食都很不错呢。我还是最喜欢用蒸锅，一层蒸鸡翅，一层蒸花卷，一会儿的工夫，饭菜一锅出。

可以吃的容器

贝贝南瓜盅

烹饪时间：50分钟（不含浸泡时间）

难易程度：中等

主料

贝贝南瓜1只…鸡腿肉100克…广式腊肠50克
鲜香菇2朵…糯米50克

辅料

油1汤匙…盐2克…料酒2茶匙…生抽2茶匙
蚝油2茶匙…胡椒粉1茶匙…大蒜15克…香葱1棵

做法

1 糯米洗净，提前在清水中浸泡3小时。

2 鸡腿肉洗净、沥干，切丁；广式腊肠洗净，用厨房纸擦干，切小丁；鲜香菇洗净、去蒂，切丁；大蒜去皮，切成蒜末；香葱洗净后切成葱花。

3 贝贝南瓜切掉顶部，将内部用勺子挖空，成为容器。

4 鸡肉丁中加入料酒、生抽、蚝油、胡椒粉腌制20分钟。

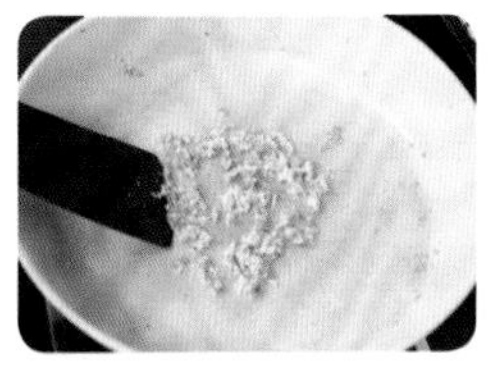

5 炒锅中放入油，烧至七成热后放入蒜末，煸炒至出香味。

6 放入鸡肉丁煸炒至颜色发白，加入香菇丁、腊肠丁煸炒片刻后盛出。

7 将糯米与其他食材拌匀，加入盐调味后，舀入贝贝南瓜中。

8 蒸锅中加入清水，放入贝贝南瓜，大火烧开后转中火，蒸30分钟左右至熟透，出锅后撒上葱花即可。

烹饪秘籍

1 蒸的时间比较久，锅中要添加足够的清水，防止烧干。

2 贝贝南瓜不要挖太多肉出来，一是防止南瓜肉过少导致支撑力不足，二是因为甜甜的贝贝南瓜也很好吃哦。

黏软的糯米裹着嫩滑的鸡肉，盛放在南瓜做成的容器中，吃完之后，再把甜甜的南瓜吃掉，都省掉洗碗了哦。

玉米面蔬菜团

烹饪时间：30分钟

难易程度：简单

主料

豆腐150克…鸡胸肉50克…鲜香菇1朵

胡萝卜50克…鸡蛋2个…玉米面100克

辅料

油1汤匙…盐1茶匙…蚝油2茶匙…生抽2茶匙

绵白糖1茶匙…干虾皮10克

做法

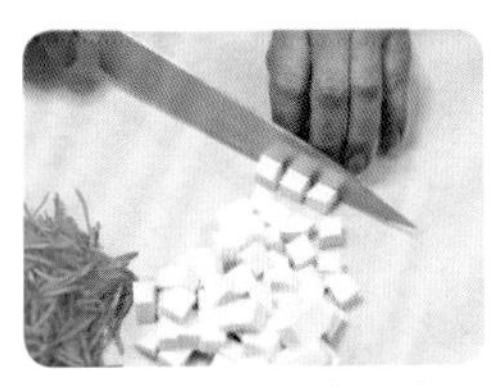

1 豆腐洗净后控干水，切成小丁；鸡胸肉洗净后控干水，切成肉末；鲜香菇洗净后去蒂，切碎；胡萝卜洗净后去皮，用擦丝器擦成丝。

2 将鸡蛋磕入碗中，用筷子充分打散。

3 炒锅烧热后放入少许凉油，倒入鸡蛋液，炒熟打散后盛出备用。

4 倒入剩余的油，烧至七成热后放入鸡肉末、豆腐丁、香菇丁、胡萝卜丝炒熟。

5 加入盐、蚝油、生抽、绵白糖、干虾皮调味。

6 将炒好的蔬菜和鸡蛋放至温热后加入约50克玉米面拌匀。

7 将菜团成团，在剩余的玉米面中滚一下，裹上一层玉米面后摆放在盘子中。

8 蒸锅中加入适量清水，将玉米面蔬菜团放入，大火蒸25分钟左右至熟透即可。

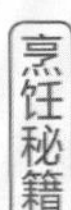

选择稍微粗糙一些的玉米面，成品会比细腻的玉米面更松散，让这款蔬菜团吃起来不会口感发硬。

健康的粗粮对身体很有好处，想要减脂的小伙伴们不妨试试这道粗粮菜团，无油低卡，健康饱腹。

养生更健康

山药玉米肉丸年糕

烹饪时间：30分钟

难易程度：简单

主料

猪里脊肉200克…鸡蛋1个…胡萝卜80克
玉米200克…山药100克…年糕150克

辅料

盐4克…料酒2茶匙…五香粉1茶匙
玉米淀粉10克…大葱葱白1段…生姜15克…香葱1棵

做法

1 猪里脊肉洗净、控干水，切小块；胡萝卜和山药洗净后去皮，切滚刀块；玉米切块；生姜洗净后去皮，切小块；大葱葱白洗净、切段；香葱洗净后切葱花。

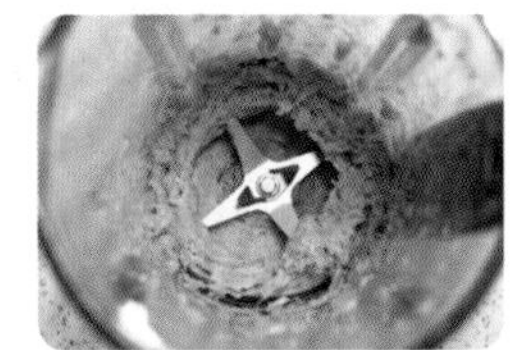

2 将猪里脊肉、姜块、葱白段放入料理机中，打成肉糜。

3 将肉糜中加入1个鸡蛋清、料酒、2克盐、五香粉、玉米淀粉，搅拌均匀。

4 少量多次在肉馅中加入约40毫升清水，沿着一个方向搅打至水全部吸收且肉馅上劲。

5 锅中加入清水，烧至八成开时，将肉馅团成肉丸放入水中，小火保持微微沸腾的状态，煮至肉丸成形熟透。

6 将汤汁表面的浮沫撇出，将肉丸捞出后过凉开水。

7 在肉丸汤中放入玉米、山药、胡萝卜、年糕，加入2克盐调味，煮至食材全部熟透。

8 加入肉丸再次煮开，撒上葱花即可关火。

烹饪秘籍

1 肉馅尽量打得细腻一些，这样做出来的肉丸比较弹牙可口，如果没有料理机，要充分剁细腻。

2 肉馅要搅打至上劲，沿着一个方向搅打至感觉到阻力即可。

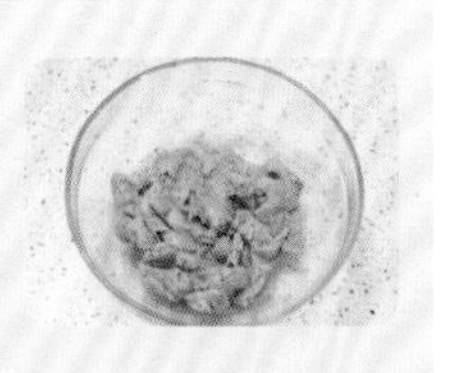

颜色鲜艳的一锅汤，搭配上了糯糯的年糕，吃着吃着，就饱饱的了。重点是，这款汤还非常养生哦，一起为了健康加油吧！

简单的家常味

火腿豆腐鸡蛋年糕

烹饪时间：30分钟（不含泡发时间）

难易程度：简单

主料

火腿肠40克…豆腐100克…鸡蛋1个
紫菜15克…年糕150克

辅料

油1汤匙…盐2克…白胡椒粉1茶匙
干木耳5克…香菜1棵

做法

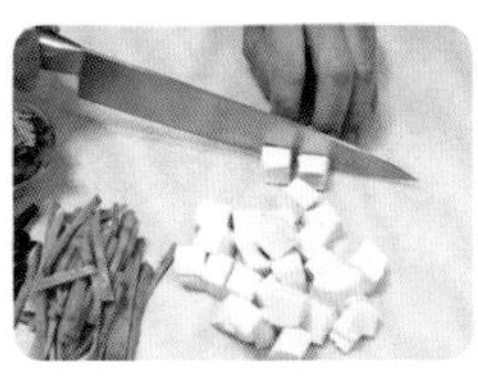

1 火腿肠切成细丝；豆腐洗净、沥干，切丁；紫菜洗净，控干；干木耳提前2小时左右用温水泡发，洗净并切成细丝；香菜洗净、沥干，切段。

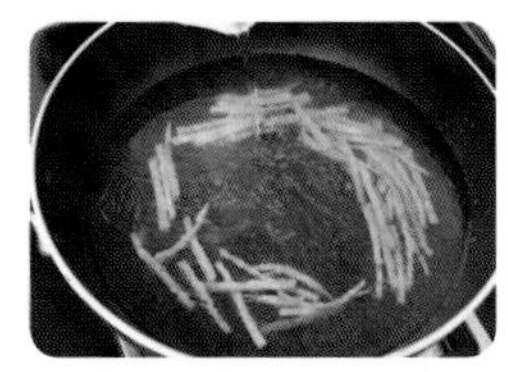

2 锅中倒入油，烧至七成热后放入火腿肠丝，煸炒片刻后倒入适量清水。

3 放入木耳丝、年糕煮至熟透。

4 放入豆腐和紫菜，再次煮至沸腾。

5 加入盐、白胡椒粉调味，淋入打散的蛋液。

6 最后撒上香菜段即可关火。

烹饪秘籍

1 喜欢汤汁浓稠一点的，可以加入适量的水淀粉。

2 可以根据自己的喜好放入一点绿色蔬菜，营养也会更加丰富哦。

3 最后的汤汁中再淋入一点米醋，味道也是很棒的。

年糕真是奇妙，可咸可甜，无论哪种做法都很好吃。煮熟之后绵软黏糯，吸收了汤汁的滋味，带来令人满足的饱腹感。

奇妙的组合

鱼丸馄饨面

烹饪时间：30分钟

难易程度：简单

主料

鸡腿1只…胡萝卜50克
鱼丸6只…生菜叶2片
馄饨150克…挂面50克

辅料

盐2克…辣椒油2茶匙
大葱1段…生姜10克
花椒1茶匙…油少许

做法

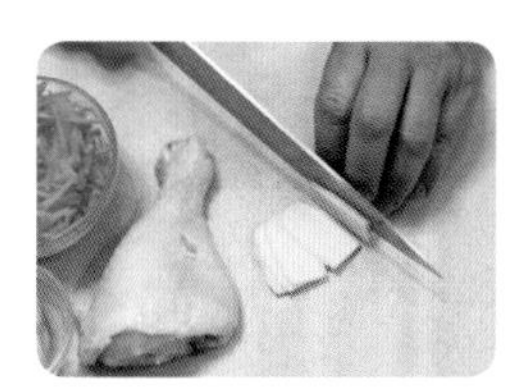

1 鸡腿洗净后控干水分；胡萝卜洗净、去皮，用擦丝器擦成丝；大葱切成约3厘米的葱段；生姜洗净、去皮后切成片；生菜叶洗净后控干水。

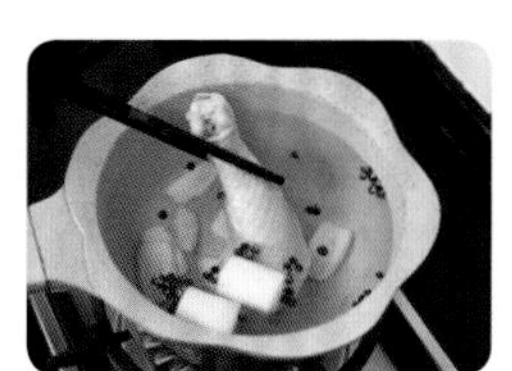

2 锅中加入适量水，以没过鸡腿为宜，加入大葱段、姜片、盐和花椒，将鸡腿放入煮20分钟左右至熟透。

3 煮熟的鸡腿捞出放凉，将鸡肉撕成细丝。

4 锅中加入清水，煮至沸腾后加入少许油和盐，将生菜叶放入焯烫约1分钟，捞出后过凉水，控干水分。

5 将鸡汤中的大葱段、姜片和花椒捞出不用，再次煮开后放入馄饨、面条和鱼丸煮熟。

6 出锅前放入胡萝卜丝、鸡肉丝和生菜叶，淋入辣椒油即可。

烹饪秘籍

1 面条要选择细一点的，这样跟馄饨同时煮，能够一起煮熟。

2 辣椒油不是必须放的，可以根据自己的喜好换成其他酱料。

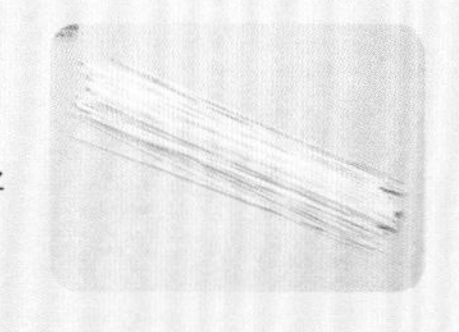

传统馄饨面的食材比较简单，为了让营养更丰富，我们加入了更多的食材，吃完一碗后，感觉能量满满呢。

独具特色

什锦烩面

⌛ 烹饪时间：30分钟（不含泡发时间）

难易程度：简单

主料

鸡腿肉150克…胡萝卜60克
豆腐泡20克…宽面条150克

辅料

盐2克…辣椒油2茶匙
姜片15克…花椒2克
大葱1段…干木耳5克
香菜1棵

做法

1 鸡腿肉洗净、沥干；胡萝卜洗净后去皮，擦成丝；大葱段洗净备用；干木耳提前2小时泡发，洗净并撕成小朵；香菜洗净、沥干，切段。

2 锅中加入适量清水，放入鸡腿肉，加入大葱段、姜片、花椒，煮20分钟左右至熟透。

3 捞出煮熟的鸡腿，放至温热后切成丝。

4 将鸡汤再次煮开，放入面条、豆腐泡和木耳煮熟。

5 加入盐调味，盛出后放入鸡丝、胡萝卜丝。

6 最后撒上香菜段，淋上辣椒油即可。

烹饪秘籍

1 除了用鸡汤，也可以用羊棒骨熬汤来制作烩面，味道也是很棒的哦。

2 辣椒油可以根据自己的喜好换成其他料汁。

独具特色的烩面让很多人赞不绝口，自己在家也可以用鸡汤做一碗鲜美好吃的烩面，加上各色配菜，比买来的要丰富多啦。

属于夏天的味道

麻酱拌面

烹饪时间：25分钟

难易程度：简单

主料

黄瓜50克…花生仁30克…鲜刀削面200克

辅料

油1汤匙…盐2克…芝麻酱20克…凉拌醋2茶匙
绵白糖2茶匙…辣椒粉2茶匙…熟白芝麻5克
大蒜15克…香葱1棵…香菜1棵

做法

1 黄瓜洗净后用擦丝器擦成丝；大蒜去皮，洗净后切成蒜末；香葱洗净后切成葱花；香菜洗净后控干水，切成2厘米左右的段。

2 将葱花、蒜末、熟白芝麻、辣椒粉放在小碗中，将油烧热后淋入，混合均匀。

3 加入盐、芝麻酱、凉拌醋、绵白糖，混合均匀。

4 利用锅中底油，放入花生仁，小火炒成花生米，盛出备用。

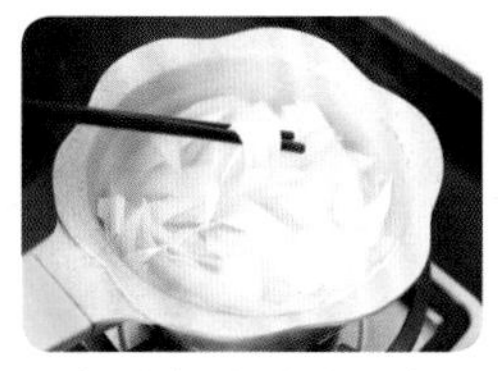

5 锅中加入清水，煮至沸腾后将鲜刀削面放入煮熟。

6 将煮好的面条在凉开水中过凉，捞出控干水。

7 将面条放入大碗中，铺上黄瓜丝和花生米，淋上料汁。

8 最后撒上香菜段即可。

烹饪秘籍

1 芝麻酱的浓稠度有所不同，要根据情况加入适量的凉开水，将芝麻酱调成稀稠适宜的状态。

2 炒花生米的时候要用小火，同时用锅铲不断翻炒，以免炒煳。

夏天食欲不好的时候，我喜欢做麻酱拌面，浓郁的酱汁、香辣的味道，瞬间就拯救了食欲，这才是夏天专属的味道。

给身体补补钙

海鲜香菇疙瘩汤

⌛ 烹饪时间：30分钟

难易程度：简单

主料

鲜虾6只…番茄半个…玉米粒50克…鲜香菇2朵
油菜1棵…面粉40克

辅料

油1汤匙…盐1茶匙…料酒1茶匙…胡椒粉1克
大蒜10克…香葱1棵

做法

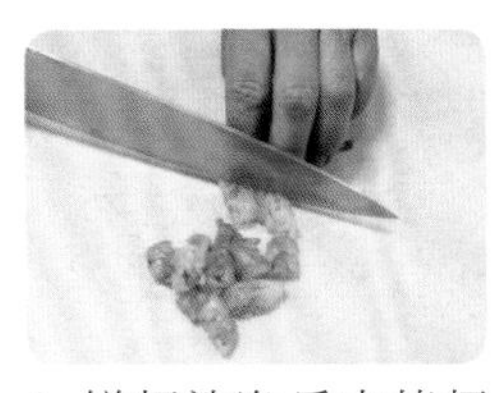

1 鲜虾洗净后去掉虾头，在背部划一刀，用牙签挑出虾线后去壳，切成小段。

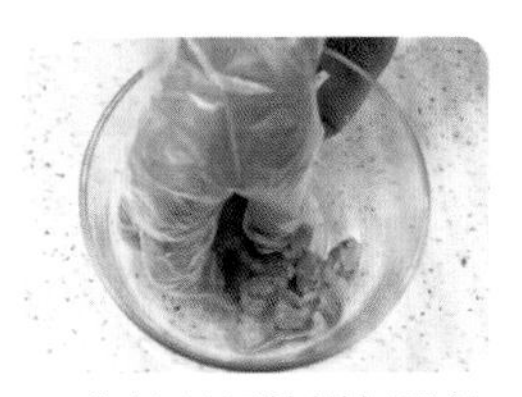

2 将处理好的鲜虾段放入大碗中，加入胡椒粉和料酒抓匀，腌制10分钟左右。

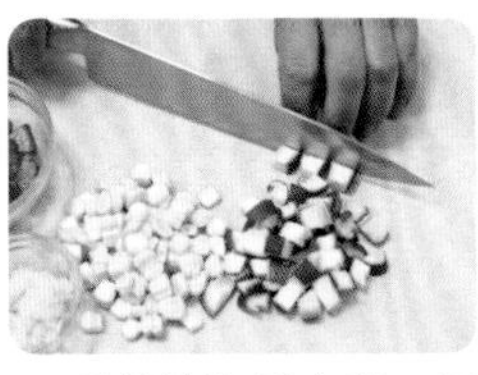

3 番茄洗净后去皮，切成小丁；鲜香菇洗净后去蒂，切成丁；玉米粒洗净后控干水；大蒜去皮，洗净后切成蒜末；香葱洗净，切成葱花。

4 面粉放在小碗中，用手蘸适量清水淋上去，反复多次拌匀，成为面疙瘩。

5 油菜去掉根部，将叶子掰下洗净，放入开水中焯烫一下，捞出，放凉后切碎。

6 汤锅中倒入油，烧至七成热后放入蒜末和番茄丁，爆炒至出香味。

7 倒入适量清水烧开，放入虾仁、玉米粒、鲜香菇、面疙瘩，煮熟。

8 放入盐调味，出锅前放入油菜，撒上葱花即可关火。

烹饪秘籍

1 面粉中要少量多次加入清水，使其成为均匀的疙瘩，这样做出来的疙瘩汤才会更好喝。

2 煮疙瘩的时候，水可以稍微放多一点，以免炖煮时间过久、疙瘩汤过于黏稠而影响口感。

这款疙瘩汤融合了海鲜和菌菇的鲜美滋味，各色彩蔬的加入，让疙瘩汤的颜值又增加了不少，好诱人啊。

酸酸辣辣好开胃

酸辣面片

烹饪时间：30分钟

难易程度：简单

主料

番茄1个…鸡蛋1个…香肠30克…鲜香菇2朵

海鲜菇100克…豆腐皮60克…菠菜面片150克

辅料

油1汤匙…盐2克…红油2茶匙…蚝油2茶匙

生抽2茶匙…陈醋2茶匙…白胡椒粉1茶匙

大蒜10克…香菜1棵

做法

1 番茄洗净后去皮，切小丁；鲜香菇洗净后去蒂，切薄片；海鲜菇洗净，控干；香肠切丝；豆腐皮洗净、沥干，切细丝；大蒜去皮，切成蒜末；香菜洗净后切段。

2 汤锅中放入油，烧至七成热后放入蒜末和番茄丁，煸炒至番茄软烂。

3 倒入适量清水，大火烧开后放入菠菜面片、香菇、海鲜菇、豆腐皮煮熟。

4 将鸡蛋磕入碗中打散，淋入汤中，再次煮开。

5 加入盐、蚝油、生抽、陈醋、白胡椒粉调味，轻轻搅匀。

6 最后放入香肠丝，淋入红油、撒上香菜段即可关火。

烹饪秘籍

1 面片的种类很多，可以根据自己的喜好选择各种口味。

2 如果想要汤汁清澈，可以提前将面片煮熟后捞出，放在大碗中，将其他食材做成汤底浇上即可。

平时吃面条比较多，这次换个花样，做一大碗好吃的酸辣面片吧。虽然面片跟面条的做法一样，但是因为形态不一样，吃起来的感觉也很不一样呢。

菌菇魔芋锅

⌛ 烹饪时间：30分钟

难易程度：简单

主料

鲜香菇2朵…蟹味菇80克…千叶豆腐100克
娃娃菜100克…肥牛卷80克…魔芋结200克

辅料

豆瓣酱50克…蚝油1茶匙…生抽2茶匙
绵白糖1茶匙…蒜末10克…香葱1棵

做法

1 鲜香菇洗净后去蒂，用小刀在表面刻出星状花纹。

2 蟹味菇、娃娃菜洗净后控干水，切成4厘米左右的小段；魔芋结用清水清洗几遍去除碱水味。

3 香葱洗净后切成葱花。

4 将豆瓣酱、蒜末、蚝油、生抽、绵白糖在小碗中调成酱汁。

5 将娃娃菜在汤锅底部铺满，再铺上千叶豆腐。

6 放入蟹味菇和香菇，倒入酱汁，加入没过食材的清水。

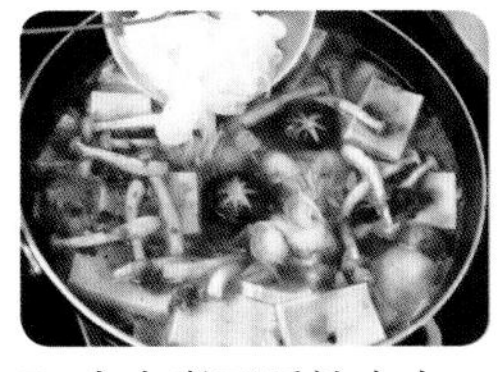

7 大火煮开后转小火，待食材八成熟时放入魔芋结，煮熟。

8 最后放入肥牛卷烫熟，撒上葱花即可关火。

烹饪秘籍

1 魔芋结要提前在清水中浸泡或者多清洗几遍，以去除其中的碱水味。

2 肥牛卷要最后放入，以免煮太久而口感变老。

①

②

菌菇有着别样的鲜美滋味，为浓郁的汤汁增添了一份令人回味的味道。清爽的魔芋结和酱汁浓郁的汤底互补，越吃越好吃。

爽口小吃

自制麻辣拌

⌛ 烹饪时间：25分钟

难易程度：简单

主料

莲藕80克…鱼丸6颗…鱼豆腐6颗…蟹柳4根
金针菇100克…龙口粉丝50克…宽粉30克

辅料

油1汤匙…盐1茶匙…芝麻酱20克
凉拌醋2茶匙…蚝油2茶匙…绵白糖2茶匙
花椒油2茶匙…辣椒粉2茶匙…熟白芝麻5克
大蒜15克…香葱1棵…香菜1棵

做法

1 莲藕洗净、去皮后切薄片；金针菇切掉根部，撕开并洗净，控干；大蒜切成蒜末；香葱切成葱花；香菜切段。

2 将蒜末、熟白芝麻、辣椒粉、一半葱花放在小碗中，将油烧热后淋入，混合均匀。

3 加入盐、芝麻酱、蚝油、凉拌醋、绵白糖、花椒油，混合均匀。

4 锅中加入清水，煮至沸腾后，分别放入鱼丸、鱼豆腐、蟹柳，煮至八成熟。

5 放入藕片、金针菇、龙口粉丝和宽粉煮熟。

6 将煮好的食材放入大碗中，加入料汁拌匀，撒上香菜和剩余葱花即可。

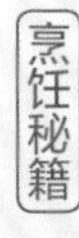

1 莲藕接触空气容易氧化变黑，可以将切好的莲藕放入清水中清洗几遍，去掉多余的淀粉，然后浸泡到清水中，隔绝空气防止氧化。

2 麻辣拌的食材并不固定，可以根据自己的喜好增减。

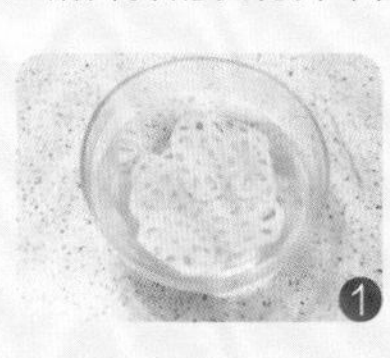

还记得学校外面那条充满着各种食物香气的小吃街吗？有一家麻辣拌，总是人满为患。相约三五好友，一起吃到打饱嗝的感觉，真好。

番茄麻辣烫

⏳ 烹饪时间：30分钟（不含浸泡时间）

难易程度：简单

主料

番茄1只…鹌鹑蛋6颗…鲜香菇2朵…生菜叶60克
腐竹20克…娃娃菜100克…迷你油条4根

辅料

油1汤匙…盐1茶匙…番茄酱20克…芝麻酱20克
蚝油2茶匙…生抽2茶匙…蒜末10克…香葱1棵

做法

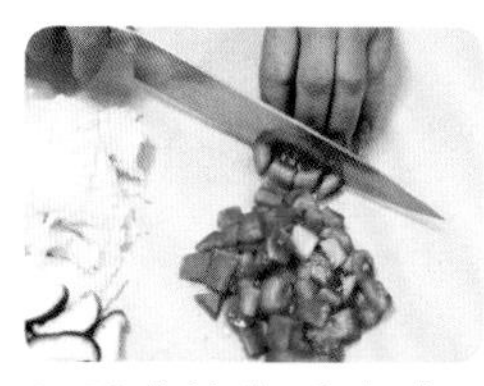

1 番茄洗净后去皮，切成小丁；鲜香菇洗净后去蒂，切成薄片；生菜叶和娃娃菜洗净后控干水；香葱洗净后切成葱花。

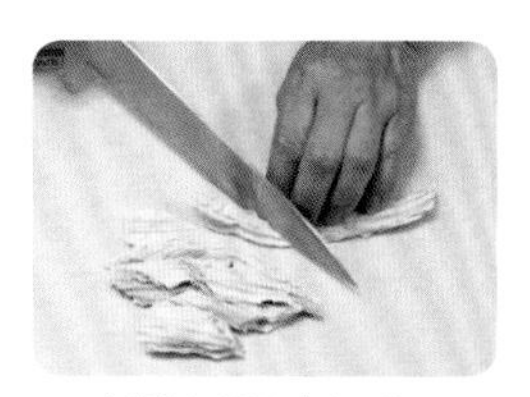

2 腐竹用温水浸泡1~2小时左右至涨发，切成4厘米左右长的斜段。

3 鹌鹑蛋小心洗净，备一锅冷水，放入鹌鹑蛋煮沸，水开后煮三四分钟，捞出，在冷水中浸泡10分钟左右。

4 将浸泡好的鹌鹑蛋剥壳并清洗干净，控干水。

5 汤锅中放入油，烧至七成热后放入蒜末和番茄，煸炒至番茄软烂。

6 倒入适量清水，加入盐、番茄酱、芝麻酱、蚝油、生抽调味，大火煮开。

7 放入香菇、腐竹、娃娃菜煮熟。

8 放入鹌鹑蛋、迷你油条、生菜叶，再次煮开后关火，撒上葱花即可。

烹饪秘籍

1 鹌鹑蛋在煮好之后，放到冷水中浸泡10分钟左右，会比较容易剥壳。

2 如果喜欢吃肉，可以加点肥牛，味道会更加鲜美。

麻辣烫真的属于超级快手又不会失败的美食了，煮好汤底，把所有的食材一股脑扔进去，看浓郁的汤汁咕嘟咕嘟冒泡泡，真是等不及要开吃啦。

火热的颜色

茄汁龙利鱼烫饭

⌛ 烹饪时间：30分钟

难易程度：简单

主料

龙利鱼200克…番茄半个
米饭300克

辅料

油1汤匙…盐1茶匙
番茄酱20克…大蒜10克
生姜10克…香葱1棵

做法

1 将龙利鱼清洗干净后去掉鱼皮，顺着鱼骨用锋利的刀子轻轻将鱼肉片下来，切成2厘米左右的丁。

2 番茄洗净后去皮，切成小丁；大蒜去皮，掰成蒜瓣后切成蒜片；生姜洗净、去皮后切成丝；香葱洗净后将葱叶切成葱花。

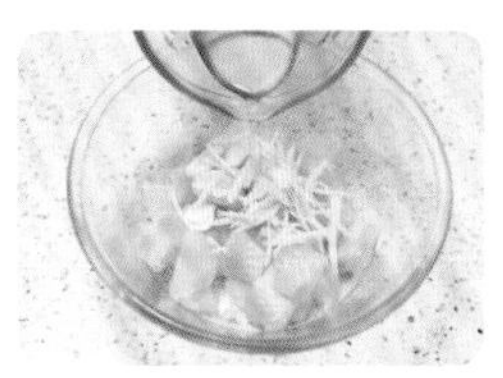

3 将龙利鱼放在大碗中，加入姜丝、蒜片和少量清水混合成的汁，腌制15分钟左右。

4 炒锅中放入油，烧至七成热后放入番茄丁，煸炒至番茄软烂。

5 加入番茄酱、盐和少许清水炒匀，加入腌制好的龙利鱼翻炒片刻，倒入适量清水煮开。

6 将米饭放入打散，煮好的烫饭撒上葱花即可出锅。

1 腌制龙利鱼的时候，可以挤入几滴新鲜的柠檬汁，为龙利鱼增加一丝柠檬的香气。

2 炒番茄的时候要小火慢炒，以免煳锅，可以加入适量清水，以便更好地将番茄炒至软烂。

❶

❷

鱼肉的营养丰富，不是很喜欢吃鱼的小伙伴，可以试试把鱼做在烫饭里面，不知不觉也能吃下去很多呢，给自己的身体补充丰富的不饱和脂肪酸吧！

不知道是谁发明了烫饭，真是太简单快手了，而且能够完美消灭家里的剩米饭。热乎乎的一大碗烫饭下肚，不由得打了个饱嗝。

热乎乎的满足感

鱼丸豆腐烫饭

烹饪时间：30分钟

难易程度：简单

主料

鱼丸100克…豆腐100克
猪五花肉60克…油菜1棵
米饭300克

辅料

油1汤匙…盐1茶匙
大蒜10克…香葱1棵

做法

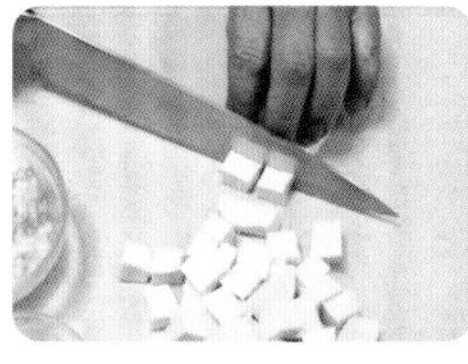

1 豆腐切成1厘米左右的丁；猪五花肉洗净后控干水，切成肉末；油菜去掉根部，将叶子掰下清洗干净，切碎。

2 大蒜去皮，掰成蒜瓣后切成蒜末；香葱洗净后切成葱花。炒锅中放入油，烧至七成热后放入蒜末和肉末煸炒出香味。

3 放入油菜翻炒约1分钟，加入适量清水煮开。

4 将鱼丸和豆腐放入，加入盐调味，煮至食材熟透。

5 将米饭放入，充分打散。

6 煮好的烫饭撒上葱花即可出锅。

烹饪秘籍

1 如果感觉豆腐的豆腥味比较重，可以提前将豆腐焯水，这样能够去除部分豆腥味。

2 清水的量可以根据自己的喜好进行调整，喜欢汤多一点就多放点水，喜欢汤少一点就少放点水。

鲜香辣味足

酸辣金针菇

烹饪时间：15分钟　　难易程度：简单

主料

金针菇250克

辅料

盐2克…绵白糖2克…生抽1茶匙…米醋2茶匙
香油1/2茶匙…朝天椒4颗

做法

1 金针菇切掉根部后撕开，洗净，控干水后摆放在盘中；朝天椒洗净后切成圈。
2 将朝天椒圈放入小碗中，加入香油、盐、绵白糖、生抽、米醋拌匀腌制片刻。
3 蒸锅中备水，大火烧开后放入金针菇，蒸约5分钟至熟透。
4 将金针菇盘子中的汤汁倒出后凉凉，淋上料汁即可。

烹饪秘籍

提前将朝天椒圈腌制一下，能够令其中的辣味更好地释放。

金针菇有特有的鲜美味道，只加一点作料就很美味哦。

水中软白金

洋葱银鱼

烹饪时间：20分钟　　难易程度：简单

主料

银鱼干150克…紫洋葱60克

辅料

油1汤匙…盐2克…绵白糖2克
生抽1茶匙…凉拌醋2茶匙…香菜1棵

做法

1 银鱼干洗净后放在大碗中，加入适量温水，浸泡30分钟左右至变软；紫洋葱洗净，去皮后切成丝；香菜洗净后切成2厘米左右的段。
2 锅中倒入油，烧至六成热后放入银鱼，小火煸炒至微微金黄酥脆。
3 将银鱼和洋葱丝放入大碗中，加入盐、绵白糖、生抽、凉拌醋拌匀。
4 将洋葱银鱼盛在盘子中，最后撒上香菜即可。

烹饪秘籍

在银鱼上市的季节，也可以选择新鲜银鱼制作这道菜，味道会更好。

银鱼的营养丰富，肉质细嫩，有“水中软白金”的美誉。银鱼中含有的钙十分丰富，并且具有高蛋白、低脂肪的特点，对人体健康十分有益。

萨巴厨房® 系列图书

吃出健康 系列

懒人下厨房系列

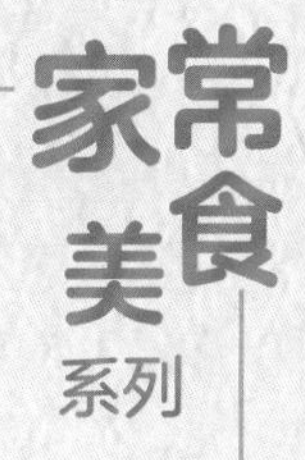

家常美食系列

图书在版编目（CIP）数据

萨巴厨房. 超简单！一锅料理 / 萨巴蒂娜主编.
—北京：中国轻工业出版社，2021.3
ISBN 978-7-5184-3384-1

Ⅰ. ①萨… Ⅱ. ①萨… Ⅲ. ①食谱 Ⅳ. ① TS972.12

中国版本图书馆 CIP 数据核字（2021）第 026163 号

责任编辑：张　弘　　责任终审：劳国强　　整体设计：锋尚设计
责任校对：晋　洁　　责任监印：张京华

出版发行：中国轻工业出版社（北京东长安街6号，邮编：100740）
印　　刷：北京博海升彩色印刷有限公司
经　　销：各地新华书店
版　　次：2021年3月第1版第1次印刷
开　　本：710×1000　1/16　印张：12
字　　数：200千字
书　　号：ISBN 978-7-5184-3384-1　定价：49.80元
邮购电话：010-65241695
发行电话：010-85119835　传真：85113293
网　　址：http://www.chlip.com.cn
Email：club@chlip.com.cn
如发现图书残缺请与我社邮购联系调换
200858S1X101ZBW